高等学校理工科**教材伴侣**丛书

电磁学单位制

胡友秋 编著

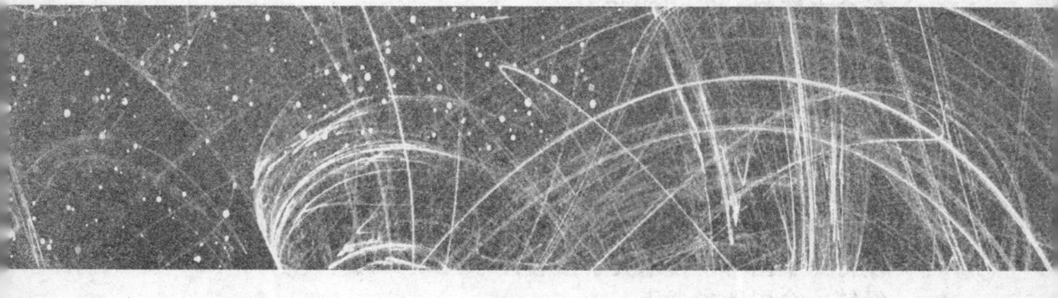

中国科学技术大学出版社

内容简介

本书介绍书刊文献中四种常见的电磁学单位制(静电制、电磁制、高斯制和国际制),着重讲述单位制的基本概念、构建过程和不同单位制之间的单位换算与公式转换方法.本书还针对量子力学和粒子物理领域常见的“自然单位制”和“原子单位制”、计算机数值模拟研究中常用的“计算单位制”做了介绍,重点也放在单位制的转换和构建方法方面.本书提供的11个附表,将常见的电磁学量和电磁学公式收录进来,以方便读者查阅和使用.

本书可作为高等院校学生学习物理课程的辅导教材,也可供科学技术工作人员参考.

图书在版编目(CIP)数据

电磁学单位制/胡友秋编著. —合肥:中国科学技术大学出版社,2012.2

(高校理工科教材伴侣丛书)

ISBN 978-7-312-02933-2

Ⅰ. 电… Ⅱ. 胡… Ⅲ. 电磁学—单位制—高等学校—教学参考资料 Ⅳ. TB97

中国版本图书馆 CIP 数据核字(2011)第 282648 号

出版 中国科学技术大学出版社
安徽省合肥市金寨路 96 号,230026
网址:http://press.ustc.edu.cn
印刷 合肥现代印务有限公司
发行 中国科学技术大学出版社
经销 全国新华书店
开本 880 mm×1230 mm 1/32
印张 4.5
字数 80 千
版次 2012 年 2 月第 1 版
印次 2012 年 2 月第 1 次印刷
定价 16.00 元

前　言

单位制是物理学的基础.已故著名物理学家、教育家严济慈先生曾经说过,不懂得单位制,就不懂得整个物理学.20 世纪 60 年代初期,作者曾有幸聆听了严老在中国科学技术大学讲授的两个学期的电磁学(电磁学与电动力学贯通)课程.严老使用自编讲义,在第一学期的课堂中先后讲授了静电制、电磁制和高斯制,并在一些算例中使用国际单位制,从而教会学生不同单位制之间的转换.在第二学期的课堂讲授中,严老专门开辟一章讲授单位制,且在其后的课堂讲授中统一使用国际单位制.严老生动、精湛的讲授,使听课的学生对单位制有了深入理解,并在其后的科研工作中得以灵活运用.

电磁学的单位制因历史的原因多达十余种,其中书刊文献中常见的有静电制、电磁制、高斯制和国际单位制四种.虽然国际计量局一再呼吁,而且不少国家的计量部门和出版单位也硬性规定,统一使用国际单位制,但其他一些单位制仍为人们使用,并在出版物中屡见不鲜.面对这种状况,作为一名科学技术工作者,应当具备如下两个方面的能力.首先,应当在书刊文献中碰到一种不熟悉的单位制时,能正确识别并熟练掌握该单位制和国际单位制之间的单位换算和公式转换方法.其次,当从事科学和工程计算时,善于根据实际问题的需要,自行构建新的单位制,使计算过程得以简化,使结果表述更加合理.总之,单位制的转换和构建方法是查阅书刊文献和从事科研教学一种不可或缺的能力.

鉴于单位制问题为各学科共有,大学中各门物理课程一般不对单位制进行专门介绍,以致大多数学生只会国际单位制一种.目前一些教科书对单位制的叙述略显单薄,不便自学.因此,即便在本科乃至研究生毕业之后,多数学生仍对其他单位制知之甚少,欠缺在不同单位制之间的单位换算和公式转换能力.在多年从事本科生和研究生课程教学的过程中,每每遇到学生问到单位制问题,往往很难通过简单的几句话给予满意回答.在指导学生开展数值模拟研究的过程中,不得不给每位学生准备专门材料,以便他们尽快掌握和正确使用模拟程序中所使用的单位制(通常区别于学生熟悉的国际单位制).这种做法虽能解燃眉之急,但不仅老师本人花费很多时间和精力,而且学生也只能是知其然,不知其所以然,最终仍不具备单位制的识别、使用、转换和构建能力.

众所周知,让某门课程的教师在课堂上专门讲授单位制并不现实.而且,要真正掌握和熟练运用单位制,光靠课堂教学很难办到,还有赖于在实际应用中去逐步掌握和加深理解.因此,学生只能通过自学和实践去了解和掌握单位制.有鉴于此,作者萌发了撰写一本介绍单位制的自学读物的想法.

本读物不打算对单位制的历史渊源和具体细节进行系统介绍,仅限于介绍书刊文献中四种常用的电磁学单位制(静电制、电磁制、高斯制和国际制),着重讲述单位制的基本概念、构建过程和不同单位制之间的单位换算和公式转换方法.本读物虽以电磁学单位作为重点,但其中介绍的单位制的转换和构建方法具有普遍意义.本读物还针对量子力学、粒子物理领域常用的"自然单位制"和"原子单位制",以及计算机数值模拟研究中使用的"计算单位制"做了介绍,重点也放在单位制的转换和构建方法方面.本读物提供的11个附表,尽量将常见的电磁学量和电磁学公式收录进来,以方便读者查阅和使用.

本读物是作者多年学习和使用单位制的心得体会的总结,其中关于计算单位制部分的举例不免涉及本人从事的空间等离子体物理专业,但愿这不会给其他专业的读者带来困扰.在阅读本材料的过程中,读者最好能将其中的例题重新解一遍;必要时还可针对读者本人遇到的单位换算和公式转换方面的特殊问题进行处理.本读物仅对所附表格的部分数据的来历作了说明,意在演示方法;读者不妨举一反三,选择其他部分自行推演,不失为一种卓有成效的读余练习.

本读物脱稿仓促,且限于作者水平,难免有错漏和欠妥之处,恳请读者批评指正.

作　者

2011 年 12 月于合肥

目　录

第 1 章　单位制的基本要素

1.1　单位制的定义

物理学的发展源于观测和实验,而观测和实验离不开测量.要对某个物理量进行测量,需要事先确定一种测量方法,并规定一个同样性质的物理量作为比较标准,称为单位.通过比较得出的结果,称为读数.一个物理量的测量结果包括所得到的读数和所使用的单位,缺一不可.

物理学中研究的自然规律,反映了物理量之间的关系,通常用比例式表示.为方便计算和进行定量分析,我们需要将这种比例式写成等式,这就必须一一确定相关物理量的单位,最终通过实验确定等式中的比例系数.

各物理量的单位原则上可以任意、独立选择.以丈量耕地为例,涉及长度和面积两个物理量,它们的单位可以独立选择.例如中国农民习惯于取长度单位为丈,1 丈等于 10/3 米;取面积单位为亩,1 亩等于 60 平方丈

(=2 000/3 平方米). 如果测得一块矩形耕地的长和宽的读数为 a 和 b,则面积 S 的读数应按公式 $S=kab$ 计算,其中 $k=1/60$. 通过对长度和面积单位的任意选择,可保证单位大小适中,符合使用习惯,但在面积计算公式中会出现不等于 1 的系数 k. 显然,这类系数的出现与公式本身表述的规律无关,完全是随意选择物理量单位的结果. 在进行定量分析时,人们希望尽量避免这类系数出现,也就是约定 $k=1$,相应面积计算公式可化为 $S=ab$. 为实现这一约定,只能从长度和面积这两个量中挑出一个,任意规定它的单位,另一个量的单位则由约定式 $S=ab$ 确定. 例如,若取长度单位为丈,则由约定式 $S=ab$ 确定的面积单位为平方丈;或取面积的单位为亩,则由约定式 $S=ab$ 确定的长度单位为根号亩. 对于中国农民来说,他们宁愿面积计算公式中出现不等于 1 的系数,也不习惯用平方丈一类单位去谈论他们的耕地面积,更不用说使用根号亩一类单位去表述长度了.

对于物理学研究人员来说,他们更注重公式的简单性,而不十分在乎单位的实用性. 为实现公式简单,必然要限制独立规定单位的物理量的数目,让其他物理量的单位由形式简单的公式去规定. **单位独立选定的物理量称为基本量,所选定的单位称为基本单位**. 其他物理量统称导出量,相应单位由它们与基本量和已确定单位的导出量之间的简单关系导出，称为导出单位. **一组这样确定的基本单位和导出单位就构成一种单位制**. 既然全部导出单位直接或间接来自基本单位，故**一组基本量和基本单位大致决定了一种单位制的性质**.

1.2　导出单位的定义方程

用以规定导出单位的简单公式，叫做该导出单位的定义方程. 同一个导出量的导出单位可以选择不同的定义方程. 常碰到的定义方程分为两种类型. 一种是以导出量的定义式作为定义方程，如速度等于路程除以时间：$v=l/t$，用它来确定速度 v 的导出单位. 若事先选取长度和时间作为基本量，相应基本单位为厘米(cm)和秒(s)，则速度 v 的导出单位为厘米每秒($\mathrm{cm\cdot s^{-1}}$). 进一步，我们还可以从定义式 $a=v/t$ 出发确定加速度 a 的导出单位为 $\mathrm{cm\cdot s^{-2}}$，其中同时用到时间 t 的基本单位 s 和导出量 v 的导出单位 $\mathrm{cm\cdot s^{-1}}$. 另一种是选择包含该导出量的某条物理定律作为定义方程，例如从牛顿第二定律的比例式 $F=kma$ 出发，令比例系数 $k=1$；将质量作为基本量补充进来，相应基本单位为克(g)；则由加速度 a 的导出单位，可立即推得力 F 的导出单位为 $\mathrm{g\cdot cm\cdot s^{-2}}$，称为达因(dyn). 注意，**无论采用哪种方式**

确定导出单位，一般都将相应定义方程式中的系数取为1，这是一种学术界普遍接受的“公约”. 在这种公约之下，作为第一类定义方程的定义式，在不同单位制下将具有同样的形式，这给单位制的构建和不同单位制之间的转换带来便利. 但是，作为第二类定义方程的物理定律，则面临究竟选择哪条定律的问题，不同选择将导致不同单位制，以及在该单位制下其他物理定律的特殊表达形式. 下面将以力的导出单位的不同确定方案为例做出具体说明. 注意，以上公约不包括由定义方程导出的其他关系式. 这些导出关系式可能出现不等于1的系数，例如质点的动能表达式 $W=\frac{1}{2}mv^2$，初始静止的匀加速运动质点的路程公式 $l=\frac{1}{2}at^2$ 等等，均出现这类系数. 既然这些关系式已经不属于定义方程，它们之中出现不等于1的比例系数与定义方程中的比例系数等于1的公约并不矛盾.

在物理学中，力是一个关键物理量，它量度物质之间的相互作用. 这类相互作用的公式很多，例如力学中常碰到的万有引力定律，地球表面物体所受重力的公式，静电学中的点电荷相互作用的库仑定律，静磁学中的电流元相互作用的安培定律等等. 原则上人们可以从这些相互作用的定律中任选一个取代牛顿第二定律作为定义方程，重新确定力的导出单位. 以万有引力定律 $F=Gm_1m_2/r^2$ 为例，设式中右边的质点质量（m_1，m_2）和距离（r）为基本量，其单位已经规定，分别为 g 和 cm. 采用类似做法，令比例系数 $G=1$，推得力 F 的导出单位为 $\mathrm{g^2 \cdot cm^{-2}}$. 我们将这一单位称为力的引力单位，并将前面依据牛顿第二定律定义的单位 $\mathrm{g \cdot cm \cdot s^{-2}}$ 称为力的动力单位，以示区别. 于是，关于力的导出单位，我们面临两种选择：动力单位和引力单位. 当采用动力单位时，牛顿第二定律中的比例系数 $k=1$，形式简单，但万有引力定律中的系数 G 的数值不再等于 1 了，而必须通过观测或实验去确定. 这样确定的系数 $G=6.67\times10^{-8}\ \mathrm{cm^3 \cdot g^{-1} \cdot s^{-2}}$，称为引力常量. 注意，$G$ 不仅有数值，而且有单位，属于"有单位"或"有量纲"常数；其单位由 $G=Fr^2/(m_1m_2)$ 导出. 反过来，如果启用力的引力单位，则万有引力定律中的比例系数 $G=1$，形式简单，但牛顿第二定律中的系数 k 的数值不再等于 1 了，也必须通过观测或实验去确定. 显然成立

$$k=G^{-1}=1.5\times10^{7}\ \mathrm{cm^{-3} \cdot g \cdot s^{2}}.$$

从逻辑上讲，上述两种选择都是合理的. 其实，还可以有其他选择. 例如，从地球表面的重力公式 $F=mg$ 出发，令 $g=1$，得出力的单位为 g，称为力的工程单位. 由实验测定的地面重力加速度

$$g = 980\ \mathrm{cm \cdot s^{-2}} = 9.8\ \mathrm{m \cdot s^{-2}},$$

于是有 1 g 力等于 980 dyn,1 千克(kg)力等于 9.8 牛顿(N,1 N=10^5 dyn).力的工程单位在所谓“工程单位制”中取代质量单位作为基本单位,在工程领域和日常生活中被广泛使用.考虑到牛顿定律在力学中的基础地位,以及力学在整个物理学中的基础地位,学术界普遍采用力的动力单位.**在研究其他相互作用定律时,力的单位始终规定为动力单位,这也属于一种学术界普遍接受的“公约”.**

1.3 基本量和基本单位的选择

建立一种单位制,必须依次考虑如下三个问题:**应选择哪些量为基本量?应选择多少个基本量?其单位如何确定?**应该指出,基本量和基本单位的选择因人而异;不同的选择方案将导致不同的单位制.但是,从制式合理和使用方便的角度出发,我们仍然可以总结出一般的选择原则.

1. **基本量应该是在各种公式中出现频次较高、与其他物理量的联系较为广泛的物理量**,从而便于从基本单位出发确定导出量的导出单位.

2. **基本量的个数不宜选得太多或太少**.过多会使

物理公式中出现许多比例系数；而过少往往使本质不同的物理量具有相同的单位，使它们的物理意义相互混淆. 在力学中引入“长度”和“时间”描述时空性质，引入“质量”描述物体惯性，并将这三个物理量选为基本量. 规定这些基本量的基本单位之后，其他力学量的单位都可由这三个基本单位导出. 在这种情况下，各基本单位的选择通常采取两种形式，形成了两种单位制，CGS 制和 MKS 制. CGS 制取长度单位为 cm、质量单位为 g、时间单位为 s；MKS 制取长度单位为 m、质量单位为 kg、时间单位为 s. 在这两种单位制下，单位被独立选定的物理量即基本量的数目为 3. 电磁学中的高斯单位制秉承 CGS 制，也只选取长度、质量和时间三个基本量；当规定电感的单位为电磁单位时(称为“修正高斯制”，参见 2.4 节)，电容和电感均以长度为单位，这样便在一定程度上混淆了电容、电感和长度的物理内涵. 在名为“MKSA”的电磁学单位制中，在 MKS 制的基础上补充一个基本量电流强度，单位定为安培(A)，使基本量增至四个，避免了上述混淆，但公式中将多出一个有量纲系数. 高斯单位制中，电磁学公式中出现的有量纲系数是真空光速 c；MKSA 制中，公式中出现的有量纲系数增至两个：真空介电常量(或真空电容率)ε_0 和真空磁导率 μ_0. 在全部电磁学单位制中，没有选五个基本量的.

为照顾其他学科的需要，国际计量大会决定在上述MKSA制的基础之上新增三个基本量，它们分别为温度、物质的量和发光强度. 这样，基本量的数目增至七个.

3. 基本量选定后，确定其单位便是关键. 其原则是：标准单位容易获得，相关物理量的读数不至出现太大或太小的数值. 1960～1979 年间召开的多次国际计量大会，相继制定和批准了七个基本量(长度、质量、时间、电流强度、温度、物质的量和发光强度)的单位. 长度单位是米(m)，它是氪(^{86}Kr)的 $2p_{10}$ 和 $5d_5$ 能级之间跃迁辐射在真空中的波长的 1 650 763. 73 倍. 质量单位是千克(kg)，它等于国际千克原器的质量. 时间单位是秒(s)，它是铯原子(^{133}Cs)基态的两个超精细能级之间跃迁所对应的辐射的周期的 9 192 631 770 倍. 电流强度的单位是安培(A)，它是一恒定电流强度，当它通过真空中相距 1 m 的两根无限长圆截面(截面面积可忽略)平行直导线时，其中任一根导线每米长度所受的作用力等于 2×10^{-7} 牛顿(N). 热力学温度单位是开尔文(K)，它等于水的三相点温度的 1/273. 16. 物质的量单位是摩尔(mol)，它是一系统的物质的量，该系统中所包含的基本单元(原子、分子、离子、电子或其他粒子，或这些粒子的特定组合)数与 0. 012 千克碳-12 的原子数目相等. 发光强度单位是坎德拉(cd),它是频率为 540×10^{12} 赫兹(Hz)单色辐射的光源在给定方向上的发光强度,在该方向上的辐射强度为 1/683 瓦特每球面度(W/sr). 上述七个基本单位连同一些常用的导出单位和辅助单位所构成的单位制,被国际计量大会定名为国际单位制,简称 SI 制①. 顺便指出,各基本量的单位的选取本应彼此独立,但 SI 制中作为电流强度的"安培"似乎属于例外. 它的定义涉及长度的基本单位"米"和力的导出单位"牛顿",似乎应该属于 MKS 制的"导出单位",而非独立选择的基本单位. 该"导出单位"对应的定义方程为两根平行通电直导线相互作用的安培定律:

$$F=\frac{\mu_0 l I^2}{2\pi a},\quad 或\quad I=\sqrt{\frac{2\pi a F}{\mu_0 l}},\tag{1}$$

式中,$a=l=1\ \mathrm{m}$,$F=2\times10^{-7}\ \mathrm{N}$. 按上述关于电流强度单位的定义($I=1\ \mathrm{A}$),则在式(1)中的常数 μ_0 的数值为 $4\pi\times10^{-7}$,单位为 $\mathrm{N\cdot A^{-2}}$,即电磁学中提到的真空磁导率. 这样定义的电流强度单位称为"绝对安培". 我们也可从另一个角度,例如从单位时间经电解获得的物质的质量来定义电流强度单位. 这样定义的电流强度单位称为"国际安培";它独立于长度、质量和时间的基本单位,

① 国际计量局. 国际单位制(SI)[M]. 3 版. 李慎安,房玉生,译. 北京:科学出版社,1983.

作为“基本单位”更加名副其实. 在 1948 年第九届国际计量大会之前，一直采用“国际安培”作为电流强度的基本单位. 可是，实现“国际安培”的实验测量精度相对较低，以它作为基本单位稳定性差，会引起诸多不便. 第九届国际计量大会正式决定废除“国际安培”，采用“绝对安培”作为电流强度的基本单位，定名为“安培”. 此外，还同时决定废除针对电压和电阻独立规定的单位“国际伏特”和“国际欧姆”，分别将它们视为导出单位，定名为“伏特”和“欧姆”. 综上所述，我们可以对目前规定的电流强度单位做如下理解：“安培”仍然是独立选择的基本单位，使得式(1)中出现比例系数 μ_0，经实验测定 $\mu_0=4\pi\times10^{-7}$；它属于有量纲常数，单位为 $N\cdot A^{-2}$. 在这种理解之下，第九届国际计量大会对“安培”的定义，只不过是提出一种实现电流强度单位的实验方法，所定义的“安培”仍不失为独立选定的基本单位. 以后我们将会看到，一个单位制下的“导出量”均可选为另一个单位制下的基本量，相应的“导出单位”被视为基本单位，也就是“独立”选定的单位，与该单位的“来历”无关. 因此，视“安培”为独立选定的基本单位完全“名正言顺”.

SI 制涉及各个科学领域，简单实用，易于掌握，可以代替以往出现的其他所有单位制. 国际计量局一再呼吁，不少国家也做出硬性规定，统一采用 SI 制，以方便学术交流和促进科学技术发展.在我国现行出版的多数教材中,均统一使用 SI 制.

1.4　电磁学单位制中电量单位和几何因子 4π

对于电磁学单位制,除了上面三个问题之外,还存在如下两个问题.一个问题是:在取三个基本量(长度、质量和时间)的情况下,作为导出量的电量和电流强度,究竟如何确定其导出单位;另一个问题是必然出现的几何因子 4π,究竟是让它出现在电磁相互作用的实验定律之中,还是出现在综合反映这些实验规律的麦克斯韦方程之中.对于这两个问题的不同回答将导致不同单位制.对于第一个问题,通常约定电流强度等于电量除以时间,据此可由一个量的单位自动导出另一个.因此,我们只需确定其中一个.存在两种可能方案:一是从真空点电荷相互作用的库仑定律的比例式出发,令比例系数等于 k(k 等于 1 或 $1/(4\pi)$),据此由力学量(力,距离)单位确定电量单位;二是从真空电流元相互作用的安培定律的比例式出发,也令比例系数为 k(k 等于 1 或 $1/(4\pi)$),据此确定电流强度的单位.对于第二个问题,若取 $k=1$,则几何因子 4π 从电磁相互作用的实验定律中消失,但会出现在麦克斯韦方程的场源项之中;若取

$k=1/(4\pi)$，则反之. 后一个问题即便对取四个基本量的单位制也存在. 以我们熟悉的国际单位制为例，点电荷相互作用的库仑定律中的比例系数设为 k/ε_0，电流元相互作用的安培定律中的比例系数设为 $k\mu_0$，其中 $k=1/(4\pi)$. 其结果是，几何因子 4π 从麦克斯韦方程中消失，但却被保留在电磁相互作用的实验定律之中. 这样构成的单位制称为"有理化"MKSA 制. 如果改令 $k=1$，等价于将因子 4π 与常数 ε_0 和 μ_0 合并，则两条定律中的比例系数被更换成 ε_0' 和 μ_0'：$\varepsilon_0'=4\pi\varepsilon_0=10^{-9}/9$，$\mu_0'=\mu_0/(4\pi)=10^{-7}$，不出现几何因子 4π，但麦克斯韦方程中将出现这一因子. 这样构成的单位制称为"无理化"MKSA 制.

1.5 量纲

如前所述，基本量和基本单位一经选定之后，其他物理量的单位均可通过它们与基本量的关系导出. 一般来说，这类关系为比例关系，即一个物理量 Q 与诸基本量的幂次的乘积成比例. 略写比例系数，将比例式改为等式，所得结果称为 Q 的"量纲"，记为 $[Q]$. 一个基本量等于自身，其量纲用合适选择的大写罗马体英文字母表示，以免去添加中括弧之烦. 以 MKSA 制为例，共涉及四个基本量：长度、质量、时间和电流强度，其量纲分别用 L、M、T 和 I 表示，不妨将它们称之为“基本量纲”. 于是，我们可以写下 Q 的量纲或量纲式如下：

$$[Q] = \mathrm{L}^{\alpha}\mathrm{M}^{\beta}\mathrm{T}^{\gamma}\mathrm{I}^{\delta}, \tag{2}$$

式中，α、β、γ 和 δ 称为量纲指数，可为正、负数. 当量纲指数全为零时，称 Q 为无量纲量. 例如，电量 $q=It$，其量纲为 $[q]=\mathrm{TI}$；力 $F=ma$，其量纲为 $[F]=\mathrm{LMT}^{-2}$；能量 $W=Fl$，其量纲为 $[W]=[F]\mathrm{L}=\mathrm{L}^2\mathrm{MT}^{-2}$；电势 $U=W/q$，其量纲为 $[U]=[W]\mathrm{T}^{-1}\mathrm{I}^{-1}=\mathrm{L}^2\mathrm{MT}^{-3}\mathrm{I}^{-1}$；电容 $C=q/U$，其量纲为 $[C]=\mathrm{TI}\,[U]^{-1}=\mathrm{L}^{-2}\mathrm{M}^{-1}\mathrm{T}^4\mathrm{I}^2$. 应该注意的是，在不同单位制中，同一个物理量可以有不同的量纲. 例如：在高斯制中，基本量只有长度、质量和时间三个，与 CGS 和 MKS 制相同. 因此，力学量（力、能量等）的量纲与 CGS 制、MKS 制和 MKSA 制相同. 可是，由于 MKSA 制新增基本量电流强度，使得与之密切相关的电磁学量具有与高斯制完全不同的量纲. 以电量为例，在高斯制下，由库仑定律（取比例系数为 1）$F=q^2/r^2$ 推得 $[q]=\mathrm{L}^{3/2}\mathrm{M}^{1/2}\mathrm{T}^{-1}$，与前述 MKSA 制下电量的量纲截然不同. 电势的定义式虽与 MKSA 制相同，$U=W/q$，其中能量 W 的量纲同为 $[W]=\mathrm{L}^2\mathrm{MT}^{-2}$，但由于受到电荷不同量纲的影响，高斯制下电势的量纲变为 $[U]=[W][q]^{-1}=\mathrm{L}^{1/2}\mathrm{M}^{1/2}\mathrm{T}^{-1}$，也不同于 MKSA 制

下电势的量纲. 此外,在“修正高斯制”下,电容、电感都具有长度的量纲,而在 MKSA 制中,电容的量纲为 $[C]=L^{-2}M^{-1}T^{4}I^{2}$,电感的量纲为 $[L]=L^{2}MT^{-2}I^{-2}$,不仅与“修正高斯制”中电容和电感的量纲不同,而且二者具有不同的量纲.

既然在不同单位制中,同一个物理量可以具有不同的量纲,故**量纲并非物理量本身的固有特性,而是取决于单位制中基本量的选择**. 此外,物理量的量纲与基本单位选取无关. 这是因为单位大小至多只会影响物理公式中的比例系数(无量纲常数),而在书写量纲式的时候,这些系数均被略去. 换句话说,**仅基本单位不同的同类单位制①中,所有物理量将具有相同的量纲.**

量纲式实际上就是导出单位和基本单位之间的关系式. 在基本单位确定之后,由量纲表达式可直接将导出单位表示为各基本单位幂次的乘积. 例如在 MKSA 制中,电荷的量纲为 TI,其单位为 A · s(C,库仑),电势的量纲为 $L^{2}MT^{-3}I^{-1}$,其单位为 $m^{2}\cdot kg\cdot s^{-3}\cdot A^{-1}$ (V,伏特).

量纲的用途之一是检验公式的正确性. 只有公式两边项的量纲相同,公式才成立;也只有量纲相同的量才

① 这里说的同类单位制,指的是基本量的个数、物理性质和全部导出量的定义方程相同,仅基本单位大小不同.

能加、减. 例如，在 MKSA 制中

$$\boldsymbol{D} = \varepsilon_0 \boldsymbol{E} + \boldsymbol{P}, \quad \boldsymbol{B} = \mu_0 (\boldsymbol{H} + \boldsymbol{M}),$$

从这两个公式可以判断 $\boldsymbol{D}$ 与 $\boldsymbol{P}$ 有相同量纲，$\boldsymbol{D}$ 与 $\boldsymbol{E}$ 有不同量纲（因 ε_0 是个有量纲常数）；$\boldsymbol{H}$ 与 $\boldsymbol{M}$ 有相同量纲，它们的量纲不同于 $\boldsymbol{B}$ 的量纲（因 μ_0 是个有量纲常数）. 如果推导出来的公式或等式中，相加、减的项中有某一项量纲与其他项的量纲不同，则这公式或等式一定是错的. 此外，**如果在两种不同单位制中，某一物理量的量纲表达式相同，就可以用它进行单位换算**. 例如，在 MKS 制和 CGS 制中，能量的单位分别为焦耳(J)和尔格(erg)，且能量的量纲式都为$[W]=L^2MT^{-2}$，则可以通过该量纲表达式直接进行单位换算：

$$\begin{aligned} 1\text{J} &= 1\text{m}^2 \cdot \text{kg} \cdot \text{s}^{-2} = 10^4\,\text{cm}^2 \cdot 10^3\,\text{g} \cdot \text{s}^{-2} \\ &= 10^7\,\text{cm}^2 \cdot \text{g} \cdot \text{s}^{-2} = 10^7\,\text{erg}. \end{aligned}$$

SI 制和高斯制下常见力学量和电磁学量的量纲列于附表 1，其中**所有力学量在两种单位制下的量纲相同.**

第 2 章 电磁学单位制

电磁学的单位制因历史的原因多达十余种，其中书刊文献中常见的也有静电制、电磁制、高斯制和 SI 制(其电磁学部分为 MKSA 制)四种，且按几何因子 4π 的出现方式又细分为“有理化”和“无理化”单位制两个亚类. 虽然国际计量局一再呼吁统一使用 SI 制，但一些人仍习惯于各行其是. 面对这种状况，**权宜之计是同时熟悉上述四种单位制，其中特别是更为常用的高斯制和 SI 制，以应付既成事实**. 另外，**掌握不同单位制中单位换算和公式的相互转换，将会给查阅书刊文献带来方便.**

2.1 MKSA 制

MKSA 制以长度、质量、时间和电流强度作为基本量，基本单位分别规定为米(m)、千克(kg)、秒(s)和安培(A). 由电流强度的单位 A 按公认的定义式 $q=It$ 推得电量的导出单位为库仑(C,1 C=1 A·s). 于是,反映电荷相互作用的库仑定律和反映电流相互作用的安培定律必然会出现有量纲系数,它们由实验确定. 在真空中的库仑定律 $F=q_1q_2/(4\pi\varepsilon_0 r^2)$中出现有量纲系数

$$\varepsilon_0 \approx 8.85 \times 10^{-12}\ \mathrm{C^2 \cdot N^{-1} \cdot m^{-2}}$$
$$\approx 10^{-9}/(36\pi)\ \mathrm{F \cdot m^{-1}}\text{(真空介电常量)},$$

在真空中的安培定律 $F=\mu_0 l_1 l_2 I_1 I_2/(4\pi r^2)$中出现有量纲系数 $\mu_0=4\pi\times 10^{-7}\ N\cdot A^{-2}=4\pi\times 10^{-7}\ \mathrm{H\cdot m^{-1}}$(真空磁导率). ε_0 和 μ_0 是 MKSA 制中的两个重要的常系数量,成立 $c=1/\sqrt{\varepsilon_0\mu_0}\approx 3\times 10^8\ \mathrm{m\cdot s^{-1}}$. 前述库仑定律和安培定律中引入的因子 4π,是为了使含场源的麦克斯韦方程中不出现这个因子,从物理上显得更加“合理”. 因此,MKSA 制又称“有理化”MKSA制. 顺便指出,法拉第电磁感应定律反映了磁场和电场之间的相互作用,由感应电动势 $\mathscr{E}$ 和磁通变化速率 $\mathrm{d}\Phi/\mathrm{d}t$ 之间的比例式决定. 由于其中涉及的物理量 $\mathscr{E}$、Φ 和 t 的单位均已确定,比例系数应通过实验决定,理应招致第三个比例系数的出现. 然而,**由电磁感应定律在伽利略变换下的不变性,可证明该比例系数并不独立,与库仑定律和安培定律中出现的比例系数相关**①. 在 MKSA 制下,这一

① Jackson J D. Classical Electrodynamics[M]. 3rd ed. New York: John Wiley & Sons Inc., 1998:211,778.

比例系数为无量纲常数,其数值正好等于-1.这从一个侧面反映了电与磁之间客观存在的深刻的内在物理联系.

2.2 静电制与电磁制

静电(esu)制(又称“绝对静电制”)和电磁(emu)制(又称“绝对电磁制”)的基本单位都是三个:厘米(cm)、克(g)、秒(s),与力学中的CGS制相同;故此常将静电制称为CGSE制,将电磁制称为CGSM制.静电制和电磁制下电磁学量的导出单位多数没有特别名称,分别通称为CGSE单位和CGSM单位.

在CGSE制中,最先定义导出单位的电磁学量是电量,定义方程为真空中的点电荷相互作用的库仑定律$F=kq_1q_2/r^2$,令$k=1$.于是规定相距1 cm、作用力为1 dyn的两个同样的点电荷,它们所带的电量为1 CGSE(q).与此相应,电量的量纲为$[q]=L^{3/2}M^{1/2}T^{-1}$.电流强度也属于导出量,由公认的定义式$I=q/t$求得它的导出单位为1 CGSE(I)$=1$ CGSE(q)/s,量纲为$[I]=L^{3/2}M^{1/2}T^{-2}$.在CGSM制中,最先定义导出单位的电磁学量是电流强度,定义方程为真空中的电流元相互作用的安培定律$F=kI_1I_2\mathrm{d}l_2\times(\mathrm{d}l_1\times r_{12})/r_{12}^3$,令

$k=1$. 于是规定相距 1 cm、长度为 1 cm、电流方向平行且与二者的连线垂直、作用力为 1 dyn 的两个同样的电流元，它们的电流强度为 1 CGSM(I). 或者换一种更为通行的等效说法：从真空中两根电流强度同为 I 的长平行直导线的相互作用力公式 $F=2I^2l/r$ 出发，将相距 $r=2$ cm、作用在长度 $l=1$ cm 的导线段上的力为 $F=1$ dyn时的 I 值定义为电流强度的单位，称为1 CGSM(I). 与此相应，电流强度的量纲为 $[I]=\mathrm{L}^{1/2}\mathrm{M}^{1/2}\mathrm{T}^{-1}$. 电量也属于导出量，由公认的定义式 $q=It$ 求得它的导出单位为 1 CGSM(q) = 1 CGSM(I) · s，量纲为 $[q]=\mathrm{L}^{1/2}\mathrm{M}^{1/2}$. 于是，静电制和电磁制各自定义了电量和电流强度的单位，这两种单位之间的关系只能由实验来确定. 结果表明，1 CGSM(q,I)近似等于 3×10^{10} CGSE(q,I)

$$1\ \mathrm{CGSM}\ (q)=10\mathrm{C}\approx3\times10^{10}\ \mathrm{CGSE}(q),$$

$$1\ \mathrm{CGSM}(I)=10\ \mathrm{A}\approx3\times10^{10}\mathrm{CGSE}(I).$$

考虑到读数与单位大小成反比，则两种单位制下的电量和电流强度的读数 q_{CGSM}，I_{CGSM} 和 q_{CGSE}，I_{CGSE} 之比为 $q_{\mathrm{CGSM}}/q_{\mathrm{CGSE}}=I_{\mathrm{CGSM}}/I_{\mathrm{CGSE}}=1/c$，其中 $c\approx3\times10^{10}$ cm · s^{-1}正好是真空中电磁波的传播速度.

一旦电量和电流强度的导出单位确定之后，其余电磁学量的导出单位可通过相应的定义方程确定. 在静电制和电磁制中，无一例外地遵守学术界普遍接受的公约，即将定义方程式中的系数取为 1. 附表 2 中列出常见电磁学量在静电制下的定义方程、量纲和导出单位（静电单位，esu）与高斯单位（G）之比，以及静电单位（esu）与电磁单位（emu）之比；附表 3 中列出常见电磁学量在电磁制下的定义方程、量纲和导出单位（电磁单位，emu）与高斯单位（G）之比，以及电磁单位（emu）与静电单位（esu）之比. 读者不难按附表 2 和附表 3 提供的定义方程，导出相应物理量的量纲. 至于相应单位制与高斯制的单位比数均为 c 的幂次，它们可以利用定义方程依次导出. 以电场强度 $\boldsymbol{E}$ 为例，其定义方程同为 $\boldsymbol{E}=\boldsymbol{F}/q$，式中力 $\boldsymbol{F}$ 的单位比数为 $\alpha_F=1$，电量的单位比数已经导出：在静电制下为 $\alpha_q=1$，据此导出电场强度的静电单位与高斯单位之比为 $\alpha_E=1/\alpha_q=1$；在电磁制下为 $\alpha_q=c$，据此导出电场强度的电磁单位与高斯单位之比为 $\alpha_E=1/\alpha_q=c^{-1}$. **能够这样简单获得待求单位比数的前提是：所依据的定义方程在待求单位比数的两个单位制下形式相同.** 附表 2 和附表 3 列出的定义方程只有两个例外，其余均满足上述前提条件. 其中，一个例外是磁矩的定义方程 $\boldsymbol{m}=I\boldsymbol{S}$，另一个例外是自感的定义方程 $L=\Phi/I$. 这两个方程共同作为静电制和电磁制下的定义方程，但在高斯制下具有不同形式，分别为 $\boldsymbol{m}=I\boldsymbol{S}/c$ 和 $L=c\Phi/I$，不满足前述形式相同的约束条件. 因此，我们必须对磁矩和自感的单位比数进行特别处理(参见 2.4 节例 1 和例 2).

在分别求得静电单位与高斯单位之比、电磁单位与高斯单位之比后,两个比的商即为静电单位与电磁单位之比,见附表 2 末列;该商的倒数即电磁单位与静电单位之比,列于附表 3 末列.列出这些单位比数,旨在为静电制、电磁制和高斯制之间的单位换算和公式转换提供方便,在 2.4 节将举例说明计算步骤.有趣的是,这些单位比数均为 c 的整数幂次,公式之间的差别也仅仅在于出现 c 的不同整数幂次系数.这显然来自电荷(电流强度)的电磁单位和静电单位之比等于真空光速 c.

由附表 2 和附表 3 可见,除电量(电流强度)和两个辅助矢量(电位移矢量 $\boldsymbol{D}$ 和磁场强度 $\boldsymbol{H}$)之外,静电制和电磁制下的其余电磁学量导出单位的定义方程完全相同.这表明,这两种单位制的构建遵循几乎同样的步骤,区别仅来自于电量(电流强度)单位之不同.这些定义方程作为基本电磁学公式的重要组成部分,在两种单位制下将具有相同的形式,无疑会给理论分析带来便利.辅助矢量 $\boldsymbol{D}$ 的定义式来自静电场高斯定理的推广(电介质中的静电场),在两种单位制下具有不同表达形式;但有一个共同点:辅助矢量 $\boldsymbol{D}$ 和极化强度 $\boldsymbol{P}$ 具有相同的量纲和单位.类似,辅助矢量 $\boldsymbol{H}$ 的定义式来自静磁场的环路定理的推广(磁介质中的静磁场),在两种单位制下也具有不同表达形式;但也有一个共同点:辅助矢量 $\boldsymbol{H}$ 和磁化强度 $\boldsymbol{M}$ 具有相同的量纲和单位.

附表 4 列出了静电制(第 1 列)和电磁制(第 2 列)下的一些常见的电磁学公式.由该表可见,在两种单位制下,大多数电磁学公式都比较简单,这与我们在几乎所有定义方程式中取比例系数为 1 密切相关.相比之下,静电制下的电学公式(仅涉及力学量和电学量)最为简单,电磁制下的磁学公式(仅涉及力学量和磁学量)最为简单,它们之中不出现涉及 c 的比例系数,类似系数可能出现于电磁相互作用的公式(同时出现电学量和磁学量)之中.因此,一些书刊文献在静电学部分使用静电制,而在静磁学部分则使用电磁制.

2.3 高斯制

高斯制是一种混合单位制,由静电制和电磁制混合而成.因此,高斯制的基本单位仍为三个:厘米(cm)、克(g)、秒(s),与力学中的 CGS 制相同.在高斯制中,电学量一律取静电单位,磁学量一律取电磁单位.电量和电流强度被视为电学量,因而启用静电单位,即 CGSE(q)和 CGSE(I),它们大约等于相应 SI 单位(C 和 A)的

$1/(3\times10^9)$. 电感(含自感和互感)是一个特殊的物理量,按定义方程 $\Phi=LI$,它联系着磁学量 Φ(磁通量)和电学量 I(电流强度). 因此,它既可视为电学量,又可视为磁学量. 那么,在高斯制中,究竟该取电感的静电单位还是电感的电磁单位呢? 遗憾的是,目前学术界尚不统一:一些人取电感的静电单位,另一些人则取电感的电磁单位. 我们遵循多数人的取法,在高斯制中使用电感的静电单位. 在这种取法下,电工电子学的相关公式不出现真空光速 c,使用方便. 附表 4 第 3 列给出了高斯制下的一些常见的电磁学公式.

高斯制在学术界和书刊文献中普遍使用,其原因解释如下. 高斯制优于静电制、电磁制和 SI 制的显著特点是:在高斯制下,描述电磁场的物理量,包括电场强度、电位移矢量、磁感应强度和磁场强度,具有同样的量纲和单位,特别对真空中的平面电磁波,电场强度与磁感应强度读数与量值相等,便于理解,使用方便. 此外,描述介质与电磁场相互作用的物理量,包括极化强度、磁化强度(基于电流观点)和磁极化强度(基于磁荷观点),均具有与电磁场量同样的量纲和单位,这无疑给电磁场与介质的相互作用的理论分析提供方便. 将高斯制与 SI 制进行比较,仅含电学量的公式简单,不出现 SI 制中同类公式中所含的系数 $4\pi\varepsilon_0$;仅含磁学量的公式也简单,不出现 SI 制中同类公式中所含的系数 $\mu_0/(4\pi)$. 国际制中出现的两个有量纲常数 ε_0 和 μ_0,分别称之为真空介电常量和真空磁导率,来自于电流强度作为基本量、安培作为电流强度基本单位的特殊取法,本身并无多大物理意义. 与此相反,高斯制仅涉及一个有量纲常数 c,它为真空光速,有明确的物理涵义. 高斯制和 SI 制的另一个重要区别是对几何因子 4π 的处理. SI 制将这一因子置入电荷相互作用和电流相互作用的实验定律中,从而避免在麦克斯韦方程中出现 4π 因子,属于"有理化"单位制. 与此相反,高斯制下的电荷相互作用和电流相互作用的实验定律中不含这一因子,该因子作为场源项的系数,出现在麦克斯韦方程之中(参见附表 7),故高斯制属于"无理化"单位制. 在微观领域,电磁相互作用的实验定律较之麦克斯韦方程的使用频次更高,因而广泛采用高斯制.

2.4 静电制、电磁制和高斯制的单位换算和公式转换

在不同的单位制下,同一个物理量的单位和读数可以不同,同一个物理公式可能出现不同的比例系数. 在进行定量计算时,要明确所用公式属于何种单位制,已

知量和待求量均需取该单位制下的读数. **当在书刊或文献中碰到一种新的单位制时,我们要做两件事情. 一件是列出该单位制下有关物理量的单位及其与自己熟悉的单位制(例如 SI 制或高斯制,以下称为"基准单位制")之间的关系,另一件是将基准单位制下的公式转换至新单位制.** 当需要在新单位制下进行定量计算时,首先要实施单位转换,求出全部已知量在新单位制下的读数(**注意单位与读数成反比:单位越大,读数越小**);然后通过新单位制下的公式算出未知量的读数,再实施一次单位转换,最终获得基准单位制下未知量的读数. 当然也可以换一种做法:将计算公式由新单位制转换至基准单位制,一切物理量均取基准单位,然后在我们熟悉的基准单位制下实施运算. 不管采取何种计算方案,都离不开新单位制和基准单位制之间的单位换算和公式转换. 下面以静电制、电磁制和高斯制为例,说明不同单位制之间单位换算和公式转换步骤.

(1) 计算某物理量在两种单位制下的单位比数

两个单位制下某个电磁学量的单位比数的计算步骤如下:先找到包含待求单位比数的电磁学量的某个物理公式在两个单位制下的表达式,式中其他物理量的单位比数已经获得;然后,将这两个表达式相除,求得各物理量读数比或单位比数(单位比数等于读数比的倒数)

之间的关系；最后，由已知单位比数最终算得待求电磁学量的单位比数. 下面以磁矩和自感的静电单位与高斯单位之比、电磁单位与高斯单位之比为例说明计算步骤.

例 1 确定静电制和高斯制下磁矩和自感的单位比数.

解 两种单位制下磁矩和自感的相关公式如下：

$$\boldsymbol{m}_{\mathrm{ES}} = I_{\mathrm{ES}}\boldsymbol{S}_{\mathrm{ES}}, \quad \boldsymbol{m}_{\mathrm{G}} = I_{\mathrm{G}}\boldsymbol{S}_{\mathrm{G}}/c;$$

$$L_{\mathrm{ES}} = \Phi_{\mathrm{ES}}/I_{\mathrm{ES}}, \quad L_{\mathrm{G}} = \Phi_{\mathrm{G}}/(cI_{\mathrm{G}}).$$

式中，下标“ES”表示静电制下的读数，下标“G”表示高斯制下的读数，c 为真空光速. 定义单位比数 α_P，它表示静电单位与高斯单位之比，下标 P 标记物理量. 注意读数与单位大小之间满足反比关系，即成立：

$$\alpha_P = \frac{\text{静电单位}(P)}{\text{高斯单位}(P)} = \frac{P_{\mathrm{G}}}{P_{\mathrm{ES}}}.$$

将上述高斯制下的公式与静电制下的公式相除，求得如下单位比数关系：

$$\alpha_m = \alpha_I\alpha_S/c, \quad \alpha_L = \alpha_\Phi/(c\alpha_I),$$

将已知单位比数 $\alpha_I = \alpha_S = 1$ 和 $\alpha_\Phi = c$ 代入上述两式，分别求得磁矩的单位比数为 $\alpha_m = c^{-1}$，自感的单位比数 $\alpha_L = 1$，与附表 2 的结果一致.

例 2 确定电磁制和高斯制下磁矩和自感的单位

比数.

解　两种单位制下磁矩和自感的相关公式如下:

$$\boldsymbol{m}_{\mathrm{EM}} = I_{\mathrm{EM}}\boldsymbol{S}_{\mathrm{EM}}, \quad \boldsymbol{m}_{\mathrm{G}} = I_{\mathrm{G}}\boldsymbol{S}_{\mathrm{G}}/c;$$

$$L_{\mathrm{EM}} = \Phi_{\mathrm{EM}}/I_{\mathrm{EM}}, \quad L_{\mathrm{G}} = \Phi_{\mathrm{G}}/(cI_{\mathrm{G}}).$$

式中,下标"EM"表示电磁制下的读数,下标"G"表示高斯制下的读数,c 为真空光速. 定义单位比数 α_P,它表示电磁单位与高斯单位之比,下标 P 标记物理量:

$$\alpha_P = \frac{\text{电磁单位}(P)}{\text{高斯单位}(P)} = \frac{P_{\mathrm{G}}}{P_{\mathrm{EM}}}.$$

将上述高斯制下的公式与电磁制下的公式相除,求得如下单位比数关系:

$$\alpha_m = \alpha_I\alpha_S/c, \quad \alpha_L = \alpha_\Phi/(c\alpha_I),$$

将已知单位比数 $\alpha_I = c$ 和 $\alpha_S = \alpha_\Phi = 1$ 代入上述两式,分别求得磁矩的单位比数为 $\alpha_m = 1$,自感的单位比数 $\alpha_L = c^{-2}$,与附表 3 的结果一致.

(2) 静电制、电磁制和高斯制之间的公式转换

由于这三种单位制具有同样的基本量和基本单位,各导出单位的单位比数为 c 的整数幂次,故这些单位制之间的公式转换极为简单. 利用附表 2 和附表 3 给出的单位比数数据,将各电磁学量按单位比数(静电单位/高斯单位、电磁单位/高斯单位、静电单位/电磁单位)关于 c 的幂次大小分组,可作成附表 5. 由该表给出的替换格

式,可以简单地实现静电制、电磁制和高斯制间电磁学公式的相互转换,下面举例说明.

例 3 将静电制下的推广了的安培定律(参见附表4)

$$\nabla\times \boldsymbol{B} = \frac{4\pi}{c^2}\boldsymbol{j} + \frac{1}{c^2}\frac{\partial \boldsymbol{E}}{\partial t}$$

转换至高斯制.

解 按附表 5 给出的静电制至高斯制(自左至右)的电磁学量替换格式,可知电学量 $\boldsymbol{j}$、$\boldsymbol{E}$ 和力学量维持原状,仅需将磁学量 $\boldsymbol{B}$ 替换为 $\boldsymbol{B}/c$,从而将题给公式化为:

$$\nabla\times \boldsymbol{B} = \frac{4\pi}{c}\boldsymbol{j} + \frac{1}{c}\frac{\partial \boldsymbol{E}}{\partial t}$$

上式即高斯制下的推广了的安培定律.

例 4 在静电制下,电位移矢量按 $\boldsymbol{D}=\boldsymbol{E}+4\pi\boldsymbol{P}$ 定义,试将该定义式转换至电磁制.

解 按附表 5 给出的静电制至电磁制(自左至右)的电磁学量替换格式,可知相关电学量 $\boldsymbol{D}$、$\boldsymbol{E}$ 和 $\boldsymbol{P}$ 分别被替换为 $c\boldsymbol{D}$、$\boldsymbol{E}/c$ 和 $c\boldsymbol{P}$,于是题给定义式化为

$$c\boldsymbol{D} = \boldsymbol{E}/c + 4\pi c\boldsymbol{P},$$

即 $\boldsymbol{D}=c^{-2}\boldsymbol{E}+4\pi\boldsymbol{P}$,该式即电磁制下电位移矢量的定义式.

如前所述,高斯单位制对于电感单位存在两种取

法，从而出现两个高斯制．一个取电感静电单位，即本书所指的高斯制；另一个取电感电磁单位，以下为叙述方便，称其为“修正高斯制”①．附表 5 末行给出了相应的替换格式：从修正高斯制下含电感的公式出发，经替换 $L(M)\to c^2L(M)$ 之后，转换为高斯制下的相应公式；替换 $L(M)\to L(M)/c^2$ 则实现含电感公式的逆向转换．

2.5　高斯制和 SI 制的单位换算和公式转换

相比之下，高斯制和 SI 制之间的单位换算和公式转换要复杂一些，困难主要来自两个单位制出现的有量纲常数不仅个数不一，而且性质也不同：高斯制仅出现真空光速 c，而 SI 制则出现 2 个有量纲常数，即真空介电常量 ε_0 和真空磁导率 μ_0．不过，上述困难并不严重，我们仍然可以采取类似步骤实现高斯制和 SI 制之间的单位换算和公式转换．

(1) 计算某物理量在两种单位制下的单位比数

对于高斯制和 SI 制来说，长度、质量和时间同为基

① 高斯制存在其他修正方案．例如参见 Jackson J D. Classical Electrodynamics[M]. 3rd ed. New York：John Wiley & Sons Inc.，1998：783 和 Tsang T. Classical Electrodynamics[M]. Singapore：World Scientific，1997：394. 人们各自将修改后的高斯制称为“修正高斯制”，其涵义显然不同于我们这里称呼的修正高斯制．

本量，且对各力学量导出单位的规定方式一致，区别仅在于基本单位选择不同. 高斯制秉承 CGS 制，基本单位为 cm、g 和 s；SI 制则秉承 MKS 制，基本单位为 m、kg 和 s. 为叙述简便起见，以下将 **SI 单位与高斯制对应单位之比简称为"单位比数"**，用符号 α_P 表示，其中下标 P 标记物理量：

$$\alpha_P = \frac{\text{SI 单位}(P)}{\text{高斯单位}(P)} = \frac{P_{\text{G}}}{P_{\text{SI}}}, \tag{3}$$

式中，P_{G} 为物理量 P 在高斯制下的读数，P_{SI} 为物理量 P 在 SI 制下的读数，读数与单位大小之间满足反比关系. 在式(3)的规定之下，长度、质量和时间的单位比数分别为 $\alpha_l = 10^2$、$\alpha_m = 10^3$ 和 $\alpha_t = 1$. **所有力学量在两个单位制下具有相同的量纲，可方便地从量纲式出发求得各力学量的单位比数**. 例如力的量纲为 $[F] = \text{LMT}^{-2}$，据此求得力的单位比数为 $\alpha_F = \alpha_l \alpha_m \alpha_t^{-2} = 10^5$；又如能量的量纲为 $[W] = \text{L}^2\text{MT}^{-2}$，据此求得能量的单位比数为 $\alpha_W = \alpha_l^2 \alpha_m \alpha_t^{-2} = 10^7$，等等. 附表 6 列出 SI 制和高斯制下常见力学量和电磁学量的单位和单位比数，以方便读者查阅.

任一电磁学量单位比数的计算步骤和 2.4 节中两个单位制下某个电磁学量的单位比数的计算步骤相同. 下面举例说明计算步骤.

例 5　确定 SI 制和高斯制下的电量的单位比数.

解　(a) 真空中点电荷相互作用的库仑定律在高斯制和 SI 制下的表达式如下：

$$F_{\mathrm{G}}=\frac{q_{\mathrm{G}}^{2}}{r_{\mathrm{G}}^{2}},\quad F_{\mathrm{SI}}=\frac{q_{\mathrm{SI}}^{2}}{4\pi\varepsilon_{0}r_{\mathrm{SI}}^{2}},\tag{4}$$

式中,下标“G”表示高斯制下的读数,下标“SI”表示 SI 制下的读数,ε_0 为真空介电常量. 第一个公式为高斯制(或静电制,两制下的电量单位和点电荷相互作用的库伦定律的形式相同)下电量导出单位的定义方程,按“公约”取比例系数为 1. 注意除电量和已知常数 ε_0 之外,式(4)中的其他物理量均为力学量,单位比数已知.

(b) 将式(4)的第一式除以第二式得两单位制下的读数比关系：

$$\frac{F_{\mathrm{G}}}{F_{\mathrm{SI}}}=\frac{4\pi\varepsilon_{0}\ (q_{\mathrm{G}}/q_{\mathrm{SI}})^{2}}{(r_{\mathrm{G}}/r_{\mathrm{SI}})^{2}}.$$

(c) 利用读数比与单位比数的关系式(3),将读数比关系改写为单位比数关系：

$$\alpha_{F}=\frac{4\pi\varepsilon_{0}\alpha_{q}^{2}}{\alpha_{r}^{2}},$$

从中解出

$$\alpha_{q}=\alpha_{r}\sqrt{\frac{\alpha_{F}}{4\pi\varepsilon_{0}}}.\tag{5}$$

(d) 将已知单位比数(参见附表 6)$\alpha_r=10^2$、$\alpha_F=10^5$

和已知常数 $1/(4\pi\varepsilon_0)\approx 9\times 10^9$ 代入上式，最终求得电量的单位比数 $\alpha_q\approx 3\times 10^9$，即 1 C $\approx 3\times 10^9$CGSE(q)，解毕.

例 6 确定 SI 制和高斯制下的磁荷的单位比数.

解 (a) 找到一个涉及磁荷的受力公式 $F=q_mH$，该公式属于磁荷 q_m 的定义方程，在所要转换的两种单位制下形式相同：

$$q_{m,\mathrm{G}}=\frac{F_\mathrm{G}}{H_\mathrm{G}},\quad q_{m,\mathrm{SI}}=\frac{F_\mathrm{SI}}{H_\mathrm{SI}}. \tag{6}$$

(b) 将式(6)的第一式除以第二式得两单位制下的读数比关系：

$$\frac{q_{m,\mathrm{G}}}{q_{m,\mathrm{SI}}}=\frac{F_\mathrm{G}/F_\mathrm{SI}}{H_\mathrm{G}/H_\mathrm{SI}}.$$

(c) 利用读数比与单位比数的关系式(3)，将上式改写为单位比数关系：

$$\alpha_{qm}=\frac{\alpha_F}{\alpha_H}. \tag{7}$$

(d) 将已知单位比数 $\alpha_F=10^5$ 和 $\alpha_H=4\pi/10^3$ 代入上式，最终求得磁荷单位比数 $\alpha_{qm}=10^8/(4\pi)$，即1 V·s(磁荷 SI 单位)$=10^8/(4\pi)$ CGSM(q_m)，解毕.

将式(5)和式(7)比较，二者同为单位比数之间的关系式，但前者出现有量纲比例系数 $1/\sqrt{4\pi\varepsilon_0}$，而后者不含任何比例系数. 式(5)中的有量纲比例系数来自库仑定律在高斯制和 SI 制下的不同表达形式(参见式(4)).在式(7)的推导中所使用的磁荷受力公式在两个单位制下具有同样形式,该式中不会出现有量纲比例系数.由此我们得出如下结论:**凡方程形式相同,可将方程中的物理量之间的比例关系直接改写成相应单位比数之间不含任何比例系数的等式关系**.该结论给不同单位制之间的单位转换即单位比数的分析和计算带来重要简化.许多力学量和电磁学量通过定义获得,相关定义式在不同单位制下形式相同;在构建一种新单位制时,我们也尽可能维持物理公式在新、老单位制下的形式相同.**在计算某物理量的单位比数过程中,我们最好选择在两种单位制下形式相同的定义式和物理公式,以简化分析和计算过程**.以上对磁荷单位比数的计算,正是遵循这一原则,选择的是磁荷的定义式(6),它在两种单位制下具有同样形式,相应单位比数关系式(7)可由定义式(6)直接写出,不用分析读数比关系这一中间环节.在连续介质力学中,由微观粒子相互作用导致的输运过程起着重要作用.人们常对这些过程采用宏观描述,所涉及的输运方程和输运系数通过实验确定,或通过对简化物理模型的理论分析获得.这类过程包括粒子碰撞、黏滞、扩散、热传导、电阻耗散等.描述这些输运过程的相关公式常在高斯制下写出,其中出现的输运系数为有量纲常数. 当采用 SI 制时，一般假定输运方程形式相同，只需修改输运系数的数值. 这一任务实质上归结为计算输运系数(视其为“物理量”)的单位比数. 由于输运方程形式相同，按前述结论，我们可将输运方程所含的物理量之间的比例关系直接改写成单位比数之间不含任何比例系数的等式关系，从中计算输运系数的单位比数，并最终确定它们在 SI 制下的读数. 下面以热传导定律为例说明计算步骤.

例 7 在完全电离的质子—电子等离子体中，成立如下热传导定律：

$$\boldsymbol{Q} = \kappa T^{5/2}\ \nabla T, \tag{8}$$

式中 $\boldsymbol{Q}$ 为热流密度矢量，T 为温度；在高斯制下，系数

$$\kappa = \kappa_G = 5.5 \times 10^{-7}(\mathrm{cm} \cdot \mathrm{g} \cdot \mathrm{s}^{-3} \cdot \mathrm{K}^{-7/2}).$$

确定 SI 制下的 κ 值.

解 将有量纲常数 κ 与其他物理量同等看待，设其单位比数为 α_κ. 于是，由式(8)可直接写出单位比数关系

$$\alpha_Q = \alpha_\kappa \alpha_T^{5/2} \alpha_l^{-1} \alpha_T = \alpha_\kappa \alpha_T^{7/2} \alpha_l^{-1},$$

从中解得

$$\alpha_\kappa = \alpha_Q \alpha_l \alpha_T^{-7/2}.$$

由 $\alpha_Q = 10^3$(热流密度单位比数等于能流密度单位比数)、$\alpha_l = 10^2$ 和 $\alpha_T = 1$ 算得 $\alpha_\kappa = 10^5$，利用读数比与单位比数的关系式(3)，最终求得 SI 制下的

$$\kappa_{\mathrm{SI}} = \kappa_{\mathrm{G}}/\alpha_{\kappa} = 5.5 \times 10^{-12}(\mathrm{m} \cdot \mathrm{kg} \cdot \mathrm{s}^{-3} \cdot \mathrm{K}^{-7/2}),$$

解毕.

其实,例 7 题目中已经给出 κ 在高斯制下的单位,故可以通过单位转换直接获得 SI 制下的 κ 值:

$$\begin{aligned}\kappa &= 5.5 \times 10^{-7}\,\mathrm{cm} \cdot \mathrm{g} \cdot \mathrm{s}^{-3} \cdot \mathrm{K}^{-7/2} \\ &= 5.5 \times 10^{-7} \times 10^{-2}\,\mathrm{m} \times 10^{-3}\,\mathrm{kg} \cdot \mathrm{s}^{-3} \cdot \mathrm{K}^{-7/2} \\ &= 5.5 \times 10^{-12}\,\mathrm{m} \cdot \mathrm{kg} \cdot \mathrm{s}^{-3} \cdot \mathrm{K}^{-7/2}.\end{aligned}$$

单位比数的计算结果与所选择的出发方程无关. 下面重解例 6,从点磁荷相互作用的库仑定律出发推算磁荷的单位比数,会得到同样结果. 由于该定律在两种单位制下形式不同,分析和计算过程相对原计算方案复杂. 在高斯制和 SI 制下,点磁荷相互作用的库仑定律的表达式如下:

$$F_{\mathrm{G}} = \frac{q_{m,\mathrm{G}}^2}{r_{\mathrm{G}}^2}, \quad F_{\mathrm{SI}} = \frac{q_{m,\mathrm{SI}}^2}{4\pi\mu_0 r_{\mathrm{SI}}^2}, \tag{9}$$

式中,μ_0 为真空磁导率. 第一个公式为高斯制(或电磁制,两制下的磁荷单位和点磁荷相互作用的库仑定律的形式相同)下磁荷导出单位的定义方程,按“公约”取比例系数为 1. 将式(9)的第一式除以第二式得两单位制下的读数比关系,继而导出单位比数关系:

$$\frac{F_{\mathrm{G}}}{F_{\mathrm{SI}}} = \frac{4\pi\mu_0\ (q_{m,\mathrm{G}}/q_{m,\mathrm{SI}})^2}{(r_{\mathrm{G}}/r_{\mathrm{SI}})^2}, \quad \alpha_F = \frac{4\pi\mu_0 \alpha_{qm}^2}{\alpha_r^2},$$

解得

$$\alpha_{qm} = \alpha_r \sqrt{\frac{\alpha_F}{4\pi\mu_0}}.$$

注意，由于定义方程在两种单位制下形式不同，单位比数关系式中出现有量纲比例系数 $1/\sqrt{4\pi\mu_0}$. 将已知单位比数 $\alpha_r=10^2$、$\alpha_F=10^5$ 和已知常数 $\mu_0=4\pi\times10^{-7}$ 代入，最终求得 $\alpha_{qm}=10^8/(4\pi)$. 虽然所用的公式不同，分析和计算过程的复杂程度不同，但结果相同.

（2）高斯制和 SI 制之间的公式转换

已知某公式在甲单位制中的形式，知道了公式中出现的物理量在甲、乙两种单位制下的单位比数，就可以写出该公式在乙单位制下的具体形式，下面举例说明转换方法. **和前面讨论的单位比数计算比较，不同单位制之间的公式转换相当于一个逆向分析过程.** 附表 7 的前两列分别给出 SI 制和高斯制下的主要电磁学方程式，以方便读者查阅.

例 8　已知在 SI 制下，平行板电容器的电容为 $C=\varepsilon_r\varepsilon_0 S/d$，式中 ε_r 为相对介电常量，求在高斯制下平行板电容器电容公式.

解　在 SI 制下的电容器电容公式中，ε_r 为无量纲常数，ε_0 为有量纲常数，数值为 $1/(36\pi\times10^9)$，所涉及的物理量包括电容 C、极板面积 S 和极板间距 d.

（a）由附表 6 查出或推得两单位制下电容、面积和间距的单位比数(SI 单位/高斯单位)：

$$\alpha_C = 9\times 10^{11},\quad \alpha_S = 10^4,\quad \alpha_d = 10^2.$$

(b) 由单位比数求出 SI 制和高斯制下相应物理量的读数换算关系：

$$C_{SI} = \frac{1}{\alpha_C}C_G = \frac{1}{9\times 10^{11}}C_G,$$

$$S_{SI} = \frac{1}{\alpha_S}S_G = \frac{1}{10^4}S_G,$$

$$d_{SI} = \frac{1}{\alpha_d}d_G = \frac{1}{10^2}d_G.$$

(c) 将读数换算关系及已知常系数量代入 SI 制中的已知公式 $C_{SI}=\varepsilon_r\varepsilon_0 S_{SI}/d_{SI}$：

$$\frac{1}{9\times 10^{11}}C_G = \varepsilon_r\frac{1}{36\pi\times 10^9}\frac{1}{10^4}S_G\Bigg/\left(\frac{1}{10^2}d_G\right),$$

得 $C_G=\varepsilon_r S_G/(4\pi d_G)$. 这就是高斯制下的平行板电容器的电容公式,它代表在该单位制下有关物理量的读数关系,解毕.

由本例题可见,**不同单位制间物理公式的转换,归结为公式中相关物理量的读数换算**:从甲单位制下的已知公式出发,将各物理量的读数由甲单位制换算至乙单位制,立即导出该公式在乙单位制下的表达式.

例 9　在高斯制下,具有偶极矩 $\boldsymbol{p}$ 的电偶极子的电场为 $\boldsymbol{E}=-\nabla(\boldsymbol{p}\cdot\boldsymbol{r}/r^3)$,求其在 SI 制下的形式.

解 在高斯制下的电偶极子电场公式中涉及的物理量包括电场强度 $\boldsymbol{E}$、电偶极矩 $\boldsymbol{p}$ 和距离 $\boldsymbol{r}$.

(a) 由附表 6 查出两单位制下的电场强度、距离和电偶极矩的单位比数(SI 单位/高斯单位):

$\alpha_E = 1/(3\times 10^4)$, $\alpha_r = 10^2$, $\alpha_p = 3\times 10^{11}$;

矢量算符∇的量纲为 L^{-1},其单位比数 $\alpha_\nabla = 1/\alpha_r$.

(b) 由单位比数求出高斯制和 SI 制下的读数换算关系:

$$\boldsymbol{E}_{\mathrm{G}} = \alpha_E \boldsymbol{E}_{\mathrm{SI}} = \frac{1}{3\times 10^4}\boldsymbol{E}_{\mathrm{SI}},$$

$$\boldsymbol{p}_{\mathrm{G}} = \alpha_p \boldsymbol{p}_{\mathrm{SI}} = 3\times 10^{11}\boldsymbol{p}_{\mathrm{SI}},$$

$$\boldsymbol{r}_{\mathrm{G}} = \alpha_r \boldsymbol{r}_{\mathrm{SI}} = 10^2\boldsymbol{r}_{\mathrm{SI}},$$

$$\nabla_{\mathrm{G}} = \frac{1}{\alpha_r}\nabla_{\mathrm{SI}} = 10^{-2}\nabla_{\mathrm{SI}}.$$

(c) 将读数换算关系代入已知的高斯制公式 $\boldsymbol{E}_{\mathrm{G}} = -\nabla_{\mathrm{G}}(\boldsymbol{p}_{\mathrm{G}}\cdot\boldsymbol{r}_{\mathrm{G}}/r_{\mathrm{G}}^3)$:

$$\frac{1}{3\times 10^4}\boldsymbol{E}_{\mathrm{SI}} = -10^{-2}\nabla_{\mathrm{SI}}\left(\frac{3\times 10^{11}\boldsymbol{p}_{\mathrm{SI}}\cdot 10^2\boldsymbol{r}_{\mathrm{SI}}}{10^6 r_{\mathrm{SI}}^3}\right),$$

$$\boldsymbol{E}_{\mathrm{SI}} = -9\times 10^9\nabla_{\mathrm{SI}}\left(\frac{\boldsymbol{p}_{\mathrm{SI}}\cdot\boldsymbol{r}_{\mathrm{SI}}}{r_{\mathrm{SI}}^3}\right) = -\frac{1}{4\pi\varepsilon_0}\nabla_{\mathrm{SI}}\left(\frac{\boldsymbol{p}_{\mathrm{SI}}\cdot\boldsymbol{r}_{\mathrm{SI}}}{r_{\mathrm{SI}}^3}\right),$$

解毕.

例 10 将 SI 制下的电子经典半径公式

$$r_{\mathrm{e}} = e^2/(4\pi\varepsilon_0 mc^2)$$

转换至高斯制.

解　SI 制下的电子经典半径公式包括长度、电量和质量三个物理量和两个有量纲常数：ε_0 和 c.

(a) 由附表 6 查出两单位制下的长度、电量、质量的单位比数(SI 单位/高斯单位)：$\alpha_r = 10^2$，$\alpha_e = 3\times10^9$，$\alpha_m = 10^3$.

(b) 由单位比数求出 SI 制和高斯制下的读数换算关系：

$$r_{e,SI} = \frac{1}{\alpha_r} r_{e,G} = 10^{-2} r_{e,G},$$

$$e_{SI} = \frac{1}{\alpha_e} e_G = \frac{1}{3}\times10^{-9} e_G,$$

$$m_{SI} = \frac{1}{\alpha_m} m_G = 10^{-3} m_G.$$

(c) 将读数换算关系代入已知的 SI 制公式 $r_{e,SI} = e_{SI}^2/(4\pi\varepsilon_0 m_{SI} c^2)$：

$$\begin{aligned} 10^{-2} r_{e,G} &= \frac{1}{4\pi\varepsilon_0 c^2}\frac{(1/9)\times10^{-18} e_G^2}{10^{-3} m_G} \\ &= 10^{-7}\frac{(1/9)\times10^{-18} e_G^2}{10^{-3} m_G} \\ &= \frac{1}{9\times10^{22}}\frac{e_G^2}{m_G}, \end{aligned}$$

即

$$r_{e,G} = \frac{e_G^2}{c^2 m_G},$$

推导过程中用到 $1/(4\pi\varepsilon_0 c^2) = \mu_0/(4\pi) = 10^{-7}$，解毕. 注意：在实施公式转换之前，真空光速 c 应取出发单位制即 SI 制下的读数，即 $c = (\varepsilon_0\mu_0)^{-1/2} = 3\times10^8(\mathrm{m\cdot s^{-1}})$；在转换之后，所导出的高斯制下的电子经典半径公式 $r_e = e^2/(mc^2)$ 中的真空光速应取目标单位制即高斯制下的读数，即 $c = 3\times10^{10}(\mathrm{cm\cdot s^{-1}})$. 也就是说，**任何公式中的有量纲常数应取该公式所属单位制下的读数**. 在不同单位制间的单位换算和公式转换过程中，一旦遇到这类有量纲常数，务必遵守这一规则.

2.6 高斯制和 SI 制的电磁学公式的直接转换

以上给出的基于单位比数转换公式的做法，虽步骤简单可行，但略显繁琐. 实际上，前人已经总结出更为简单、直接的转换方法：**只要按附表 8**[①] **给出的方式进行电磁学量的替换，就可以实现高斯制和 SI 制之间电磁学公式的直接相互转换.** 附表 8 中列出两列符号，左列

① 该表取自 Jackson J D. Classical Electrodynamics[M]. 3rd ed. New York: John Wiley & Sons Inc., 1998:782. 本书提供的附表 8 对原表做了扩充，同时补充了两种高斯单位制下(电感分别取静电单位和电磁单位)电感的不同替换格式.

对应高斯制公式中的电磁学量符号，右列对应 SI 制公式中的电磁学量符号. **如果要将 SI 制下某公式转换至高斯制，可将式中全部电磁学量按自右至左的方式进行替换；反之，若要将高斯制下某公式转换至 SI 制，可将式中全部电磁学量按自左至右的方式进行替换. 在上述替换过程中，公式中全部力学量和比例系数(包括相对介电常量 ε_r 和相对磁导率 μ_r)维持原状.** 下面按此方法重解例 8～例 10，旨在演示附表 8 的使用方法.

例 11　将 SI 制下的电容公式 $C=\varepsilon_r\varepsilon_0 S/d$ 和电子经典半径公式 $r_e=e^2/(4\pi\varepsilon_0 mc^2)$转换至高斯制；将高斯制下的电偶极子电场公式 $\boldsymbol{E}=-\nabla(\boldsymbol{p}\cdot\boldsymbol{r}/r^3)$转换至 SI 制.

解　按前述规则，前两问属于自 SI 制向高斯制的公式转换，应将电磁学量按“自右至左”的方式进行替换；第三问属于自高斯制向 SI 制的公式转换，相应替换应按“自左至右”的方式进行.

(a) 将电容器公式由 SI 制转换至高斯制：由附表 8 给出的电容替换格式，将 SI 下的电容公式 $C=\varepsilon_r\varepsilon_0 S/d$ 中的电容 C 替换为 $4\pi\varepsilon_0 C$，得高斯制下的电容公式 $C=\varepsilon_r S/(4\pi d)$.

(b) 将电子经典半径公式由 SI 制转换至高斯制：由附表 8 给出的电量的替换格式，将 SI 下的电子经典

半径公式 $r_e=e^2/(4\pi\varepsilon_0 mc^2)$中的电量 e 替换为$\sqrt{4\pi\varepsilon_0}\,e$，得到高斯制下的电子经典半径公式 $r_e=e^2/(mc^2)$. 注意，转换之前取 $c=3\times10^8$（m · s^{-1}），转换之后取 $c=3\times10^{10}$(cm · s^{-1}).

(c) 将电偶极子电场公式由高斯制转换至SI制：由附表 8 给出的电场强度和电偶极矩的替换格式，将高斯制下的电偶极子电场公式 $\boldsymbol{E}=-\nabla(\boldsymbol{p}\cdot\boldsymbol{r}/r^3)$中的电场 $\boldsymbol{E}$ 替换为$\sqrt{4\pi\varepsilon_0}\boldsymbol{E}$，偶极矩 $\boldsymbol{p}$ 替换为$\boldsymbol{p}/\sqrt{4\pi\varepsilon_0}$，得 SI 制下的电偶极子电场公式 $\boldsymbol{E}=-\nabla(\boldsymbol{p}\cdot\boldsymbol{r}/r^3)/(4\pi\varepsilon_0)$，解毕.

下面再举个例子，就与自感有关的公式转换进一步演示附表 8 的使用方法.

例 12 在修正高斯制中，电感的单位取为电磁单位，试将 SI 制下的含自感的有关公式：

$$L=\mu_0 n^2 V,\quad \Phi_m=LI,\quad \mathscr{E}=-L\mathrm{d}I/\mathrm{d}t,$$

$$\omega=1/\sqrt{LC},\quad Z_L=\omega L$$

转换至修正高斯制（注意：第一个式子右边的 V 表示螺线管体积）.

解 将电磁学量按附表 8 给出的替换格式进行自右至左替换，求得修正高斯制下的相应公式.

(a) 螺线管自感公式 $L=\mu_0 n^2 V$：按附表 8 作替换 $L\rightarrow(\mu_0/4\pi)L$ 得 $L=4\pi n^2 V$.

(b) 自感磁通公式 $\Phi=LI$：作替换

$$\Phi \to \sqrt{\mu_0/(4\pi)}\,\Phi, L \to (\mu_0/4\pi)L \text{ 和 } I \to \sqrt{4\pi\varepsilon_0}\,I$$

得 $\Phi = LI/c$，式中 $c = (\mu_0\varepsilon_0)^{-1/2} \approx 3\times10^{10}(\mathrm{cm\cdot s^{-1}})$，下同.

(c) 自感电动势公式 $\mathscr{E} = -L\mathrm{d}I/\mathrm{d}t$：作替换

$$\mathscr{E} \to \mathscr{E}/\sqrt{4\pi\varepsilon_0}, L \to (\mu_0/4\pi)L \text{ 和 } I \to \sqrt{4\pi\varepsilon_0}\,I$$

得 $\mathscr{E} = -(L/c^2)\mathrm{d}I/\mathrm{d}t$.

(d) LC 电路谐振角频率公式 $\omega = 1/\sqrt{LC}$：作替换 $L \to (\mu_0/4\pi)L$ 和 $C \to 4\pi\varepsilon_0 C$ 得 $\omega = c/\sqrt{LC}$. 注意在修正高斯制下 L 和 C 同具长度量纲，上式左右两边的量纲同为 T^{-1}.

(e) 感抗公式 $Z_L = \omega L$：作替换 $Z_L \to Z_L/(4\pi\varepsilon_0)$ 和 $L \to (\mu_0/4\pi)L$ 得 $Z_L = \omega L/c^2$，解毕.

如果在高斯制中启用电感的静电单位，上述电感替换格式 $L \to (\mu_0/4\pi)L$ 应代之以 $L \to L/(4\pi\varepsilon_0)$. 不难证明，在例 12 给出的 5 个含自感的电磁学公式中，除螺线管自感公式 $L = \mu_0 n^2 V$ 转换为 $L = 4\pi n^2 V/c^2$ 之外，其余公式维持不变，即这些公式与电工电子学中的对应公式形式相同. 这也许就是越来越多的人倾向于在高斯制下将电感单位选为静电单位的主要原因.

例 13　将高斯制中的极化规律 $P = \chi_e E$ 转化至 SI 制.

解 将相关电磁学量按附表 8 给出的替换格式进行自左至右替换：

$$P \to P/\sqrt{4\pi\varepsilon_0},\quad \chi_e \to \chi_e/(4\pi),\quad E \to \sqrt{4\pi\varepsilon_0}E,$$

得 SI 制下的相应公式为 $P=\chi_e\varepsilon_0 E$，解毕.

注意，在 SI 制下的极化率的读数为高斯制（或静电制）下的 4π 倍，即 $\chi_{eSI}=4\pi\chi_{eG}$；这样在 SI 制下算得的相对介电常量（$\varepsilon_r=1+\chi_{eSI}$）正好等于高斯制下的计算结果（$\varepsilon_r=1+4\pi\chi_{eG}$）. 换句话说，相对介电常量的读数与单位制无关，而极化率的读数则与单位制有关；在提及极化率的数值时，一定要指明所使用的单位制，例如高斯制（静电制）或 SI 制. 类似的结论适合于相对磁导率 μ_r 和磁化率 χ_m：前者的读数与单位制无关，后者的读数与单位制有关，SI 制下的磁化率的读数为高斯制（或电磁制）下磁化率的读数的 4π 倍，参见下例.

例 14 在 SI 制下，顺磁质的磁化率的表达式如下：

$$\chi_{mSI}=\frac{\mu_0 n_{SI} m_{SI}^2}{3k_{SI}T_{SI}}, \tag{10}$$

式中，$\mu_0=4\pi\times10^{-7}\ \mathrm{H\cdot m^{-1}}$ 为真空磁导率，$k_{SI}=1.38\times10^{-23}\mathrm{J\cdot K^{-1}}$ 为玻尔兹曼常量，n_{SI} 和 m_{SI} 分别为分子数密度和固有磁矩，T_{SI} 为温度. (a) 将式(10)转换至高斯制；(b) 设 $n_{SI}=6\times10^{28}\,\mathrm{m^{-3}}$，$m_{SI}=10^{-23}\,\mathrm{A\cdot m^2}$，

$T_{SI}=300\mathrm{K}$,按式(10)计算 SI 制下的磁化率 χ_{mSI};(c) 利用转换后的公式计算高斯制下的磁化率 χ_{mG},并与 χ_{mSI} 进行比较.

解　(a) 将相关电磁学量按附表 8 给出的替换格式进行自右至左替换:$\chi_{mSI}\rightarrow 4\pi\chi_{mG}$, $m_{SI}\rightarrow\sqrt{4\pi/\mu_0}\,m_G$;其余物理量维持原状($k_{SI}\rightarrow k_G$, $T_{SI}\rightarrow T_G$),将 SI 制下的式(10)为

$$\chi_{mG}=\frac{n_G m_G^2}{3k_G T_G},\tag{11}$$

上式即为高斯制下顺磁质的磁化率公式.

(b) 将题给相关物理量在 SI 制下的读数代入式(10),得

$$\chi_{mSI}=\frac{4\pi\times10^{-7}\times6\times10^{28}\times(10^{-23})^2}{3\times1.38\times10^{-23}\times300}=6.07\times10^{-4}.$$

(c) 在高斯制下,$k_G=1.38\times10^{-16}\mathrm{ergs}\cdot\mathrm{K}^{-1}$, $n_G=6\times10^{22}\,\mathrm{cm}^{-3}$, $m_{SI}=10^{-20}\,\mathrm{CGSM(m)}$, $T_G=300\mathrm{K}$,代入式(11)得

$$\chi_{mG}=\frac{6\times10^{22}\times(10^{-20})^2}{3\times1.38\times10^{-16}\times300}=4.83\times10^{-5}$$
$$=6.07\times10^{-4}/(4\pi),$$

成立 $\chi_{mSI}=4\pi\chi_{mG}$,解毕.

极化率和磁化率同为无量纲量,它们与单位制有

关，似乎与量纲分析中的无量纲量与单位制选择无关的结论相背．其实，二者并无矛盾．**在量纲分析中，不同单位制下的基本方程（含所有导出量的定义方程）形式相同，基本量的个数相同，区别仅仅在于基本量和基本单位的选择不同**．对于目前讨论的高斯制和 SI 制来说，不满足上述条件，因而作为无量纲量的极化率和磁化率的读数可以出现差别．该差别归咎于制式“合理”与否：高斯制属于无理化单位制，而 SI 制属于有理化单位制．“无理化”的后果体现在高斯制下辅助矢量的定义式中：$\boldsymbol{D}=\boldsymbol{E}+4\pi\boldsymbol{P}$，$\boldsymbol{H}=\boldsymbol{B}-4\pi\boldsymbol{M}$，极化强度 $\boldsymbol{P}$ 和磁化强度 $\boldsymbol{M}$ 多出乘子 4π，而 SI 制下的相应定义式中不出现该乘子，因而导致两个单位制下极化率和磁化率的读数出现差别．如果将高斯制“有理化”，则辅助矢量的定义式化为 $\boldsymbol{D}=\boldsymbol{E}+\boldsymbol{P}$，$\boldsymbol{H}=\boldsymbol{B}-\boldsymbol{M}$，乘子 4π 不再出现，以至极化率和磁化率在有理化高斯制（由英国物理学家 O. Heaviside 于 1882 年建立，后人称之为亥维赛-洛伦兹单位制）和 SI 制中的读数相同．

2.7　电磁学量替换格式的构建

从例 11～例 14 可以看出，附表 8 的确给高斯制和 SI 制之间电磁学公式转换提供极大便利，但它仅适用于高斯制和 SI 制之间的电磁学公式转换.其实,**类似的替换格式表唯一存在于任何两种单位制之间**,均可自行构建.前面我们已就静电制、电磁制和高斯制之间的公式转换构建了电磁学量的替换格式(见附表 5),下面我们再以附表 8 为例,进一步说明这类替换格式的构建方法.

如前所述,力学公式在高斯制和 SI 制下形式相同,力学量不必替换,相应电磁学公式中的力学量也不必替换.为找到某电磁学量 A 的替换格式,我们设法找到一个含 A 的物理公式,该公式在两种单位制下的表达形式已知,且公式中除 A 之外,其余电磁学量的替换格式已被确定.作为第一步,所选择的物理公式仅含一个电磁学量 A.这样获得的关于 A 的替换格式肯定唯一存在.一旦找到 A 的替换格式之后,我们继续选择另一个电磁学量 B 和一个含 B 的物理公式在两种单位制下的表达式,通过类似步骤可推出 B 的替换格式;不同之处在于:所选择的物理公式允许包含已被确定替换格式的电磁学量 A.这样推得的关于 B 的替换格式也唯一存在.一直这样做下去,直到所有感兴趣的电磁学量的替换格式全部找到为止.

第一步,我们选择电量,出发公式为真空点电荷相互作用的库仑定律,它在高斯制下的表达式为 $F=$

q^2/r^2，在 SI 制下的表达式为 $F=q^2/(4\pi\varepsilon_0 r^2)$，其中只含一个电磁学量，即电量 q. 由此立即得到电量的替换格式 $q\leftrightarrow q/\sqrt{4\pi\varepsilon_0}$：将左边量替换为右边量，实现库仑定律由高斯制至 SI 制的转换；或做反向替换，将右边量替换为左边量，实现库仑定律由 SI 制至高斯制的转换. 进一步，由电流强度的定义式 $I=\mathrm{d}q/\mathrm{d}t$（其中包含已被确定替换格式的电磁学量 q，且该定义式在两种单位制下形式相同）可见，电流强度与电量的替换格式相同，即电流强度的替换格式为 $I\leftrightarrow I/\sqrt{4\pi\varepsilon_0}$. 通过电流密度 $\boldsymbol{j}$、电偶极矩 $\boldsymbol{p}$、极化强度 $\boldsymbol{P}$ 的定义式（在两种单位制下形式相同），可判断它们的替换格式应与 q 或 I 的替换格式相同. 通过点电荷在外电场中的静电能公式 $W=qU$（在两种单位制下形式相同），可推断电势 U 的替换格式与 q 的替换格式互逆，为 $U\leftrightarrow\sqrt{4\pi\varepsilon_0}\,U$；而由电场强度与电势的关系 $\boldsymbol{E}=-\nabla U$（在两种单位制下形式相同）立即推得电场强度的替换格式与电势的替换格式相同，即 $\boldsymbol{E}\leftrightarrow\sqrt{4\pi\varepsilon_0}\,\boldsymbol{E}$. 至于电位移矢量的替换格式，也可由它的定义式推得，该定义式在高斯制下为 $\boldsymbol{D}=\boldsymbol{E}+4\pi\boldsymbol{P}$，在 SI 制下为 $\boldsymbol{D}=\varepsilon_0\boldsymbol{E}+\boldsymbol{P}$，其中电磁学量 $\boldsymbol{E}$ 和 $\boldsymbol{P}$ 的替换格式均已获得. 将高斯制下公式右边的 $\boldsymbol{E}$ 替换为 $\sqrt{4\pi\varepsilon_0}\boldsymbol{E}$，$\boldsymbol{P}$ 替换为 $\boldsymbol{P}/\sqrt{4\pi\varepsilon_0}$，结果如下：

$$\boldsymbol{E}+4\pi\boldsymbol{P}\rightarrow\sqrt{4\pi\varepsilon_0}\boldsymbol{E}+4\pi\boldsymbol{P}/\sqrt{4\pi\varepsilon_0}=\sqrt{4\pi/\varepsilon_0}\,(\varepsilon_0\boldsymbol{E}+\boldsymbol{P}).$$

于是,只要将高斯制公式左边的 $\boldsymbol{D}$ 替换为 $\sqrt{4\pi/\varepsilon_0}\boldsymbol{D}$,即可得到 SI 制下的公式 $\boldsymbol{D}=\varepsilon_0\boldsymbol{E}+\boldsymbol{P}$. 因此,电位移矢量替换格式为 $\boldsymbol{D}\leftrightarrow\sqrt{4\pi/\varepsilon_0}\boldsymbol{D}$. 类似的步骤可用来推导电容的替换格式,其定义式为 $C=q/U$,在两种单位制下形式相同,包含的电磁学量 q 和 U 的替换格式均已获得,则该式右边在做替换 $q\rightarrow q/\sqrt{4\pi\varepsilon_0}$ 和 $U\rightarrow\sqrt{4\pi\varepsilon_0}\,U$ 之后得 $q/U\rightarrow(q/U)/(4\pi\varepsilon_0)$,由此推得电容的替换格式为 $C\leftrightarrow C/(4\pi\varepsilon_0)$. 极化率的替换格式由极化规律推得,该规律在高斯制下为 $\boldsymbol{P}=\chi_e\boldsymbol{E}$,在 SI 制下为 $\boldsymbol{P}=\chi_e\varepsilon_0\boldsymbol{E}$,其中电磁学量 $\boldsymbol{P}$ 和 $\boldsymbol{E}$ 的替换格式均已获得. 将高斯制下公式中的 $\boldsymbol{P}$ 替换为 $\boldsymbol{P}/\sqrt{4\pi\varepsilon_0}$,$\boldsymbol{E}$ 替换为 $\sqrt{4\pi\varepsilon_0}\boldsymbol{E}$,由此推得极化率的替换格式为 $\chi_e\leftrightarrow\chi_e/(4\pi)$. 对于附表 8 中其他电学量的替换格式,可通过类似步骤获得.

下面开始推导磁学量的替换格式. 先从磁感应强度开始,我们本可以从真空电流元相互作用的安培定律出发,但也许我们一时难以找到该定律在高斯制下的具体形式. 碰到这种情况,可以换一个我们熟悉的公式,例如真空中的磁能密度公式,它在高斯制下的形式为 $w=B^2/(8\pi)$,在 SI 制下的形式为 $w=B^2/(2\mu_0)$,其中仅包含磁感应强度 $\boldsymbol{B}$ 一个磁学量. 对比上述两个公式,立即看出磁感应强度的替换格式为 $\boldsymbol{B}\leftrightarrow\sqrt{4\pi/\mu_0}\,\boldsymbol{B}$. 接着,我们可以通过磁通量的定义式 $\Phi=\boldsymbol{B}\cdot\boldsymbol{S}$(该式在两种单位制下形式相同;$\boldsymbol{S}$ 为面积矢量)判断磁通量的替换格式与 $\boldsymbol{B}$ 的替换格式相同,为 $\Phi\leftrightarrow\sqrt{4\pi/\mu_0}\,\Phi$. 由自感磁通公式可导出自感的替换格式,该公式在高斯制下为 $\Phi_m=cLI$(自感取静电单位),在 SI 制下为 $\Phi=LI$,其中电磁学量 Φ 和 I 的替换格式均已获得. 将高斯制下的公式改写为 $L=\Phi/(cI)$,将该式右边的 $1/c$ 替换为 $\sqrt{\varepsilon_0\mu_0}$,$\Phi$ 替换为 $\sqrt{4\pi/\mu_0}\,\Phi$,I 替换为 $I/\sqrt{4\pi\varepsilon_0}$,结果如下:

$$L=\Phi/(cI)\rightarrow\sqrt{\varepsilon_0\mu_0}\sqrt{\frac{4\pi}{\mu_0}}\Phi\frac{\sqrt{4\pi\varepsilon_0}}{I}=4\pi\varepsilon_0\frac{\Phi}{I}.$$

于是,只要将高斯制公式左边的 L 替换为 $4\pi\varepsilon_0 L$,即可得到 SI 制下的公式 $L=\Phi/I$. 因此,自感的替换格式为 $L\leftrightarrow(4\pi\varepsilon_0)L$. 在修正高斯制下,电感取电磁单位,自感磁通公式为 $\Phi=LI/c$;据此可导出修正高斯制与 SI 制之间自感的替换格式为 $L\leftrightarrow(4\pi/\mu_0)L$. 对于附表 8 中其他磁学量的替换格式,可通过类似步骤获得.

由以上分析,所得到的电磁学量的替换格式存在且唯一,这些替换格式可确保在获取替换格式的过程中曾经用过的电磁学公式实现正确转换. 余下的问题是:这些替换格式能否确保未曾用过的电磁学公式(例如真空电流元相互作用的安培定律,LC 电路的谐振频率公式等)同样实现正确转换? 对这一问题的回答是肯定的，因为这些未曾用过的电磁学公式总可以通过已经用过的电磁学公式导出,而后者的成功转换必然导致前者的成功转换. 这就证明了我们已经做过的结论:在两个单位制之间唯一存在各物理量的替换格式,通过它们可以实现单位制间物理公式的正确转换.

在狭义相对论电动力学中,为证明电磁规律在洛伦兹变换下形式不变,一般将这些规律写成四维张量形式. 为此,需要定义四维矢量微分算符和各类四维矢量和四维张量(以下统称 4-张量). 要实现高斯制和 SI 制间 4-张量和相关公式的转换,关键在于给出 4-张量的替换格式. 注意,4-张量的定义来自 3-张量,故取二者的替换格式相同. 例如 4-电磁势矢量 A_μ 的替换格式与磁矢势 $\boldsymbol{A}$ 相同,4-电磁场张量 $F_{\mu\nu}$ 的替换格式与磁感应强度 $\boldsymbol{B}$ 相同,等等,见附表 8. 至于 4-张量的分量表达式中涉及的电磁学量,仍依照表 8 给出的相应格式进行替换. 下面举例说明 4-张量的表达式及相关公式的转换步骤.

例 15　将 SI 制下的电磁场张量表达式转换至高斯制.

解　在 SI 制下,电磁场张量 $F_{\mu\nu}$ 的定义如下:

$$F_{\mu\nu}=\begin{pmatrix} 0 & \boldsymbol{B}_3 & -\boldsymbol{B}_2 & -\mathrm{i}\boldsymbol{E}_1/c \\ -\boldsymbol{B}_3 & 0 & \boldsymbol{B}_1 & -\mathrm{i}\boldsymbol{E}_2/c \\ \boldsymbol{B}_2 & -\boldsymbol{B}_1 & 0 & -\mathrm{i}\boldsymbol{E}_3/c \\ \mathrm{i}\boldsymbol{E}_1/c & \mathrm{i}\boldsymbol{E}_2/c & \mathrm{i}\boldsymbol{E}_3/c & 0 \end{pmatrix}.$$

按附表 8 给出的电磁场替换格式进行自右至左替换：

$$\boldsymbol{B}\rightarrow\sqrt{\mu_0/(4\pi)}\,\boldsymbol{B},\quad \boldsymbol{E}\rightarrow\boldsymbol{E}/\sqrt{4\pi\varepsilon_0},$$

后者等效于 $\boldsymbol{E}\rightarrow\sqrt{\mu_0/(4\pi)}c\boldsymbol{E}$；电磁场张量的替换格式为 $F_{\mu\nu}\rightarrow\sqrt{\mu_0/(4\pi)}F_{\mu\nu}$. 将这些替换关系代入上式，求得高斯制下的电磁场张量的表达式如下：

$$F_{\mu\nu}=\begin{pmatrix} 0 & \boldsymbol{B}_3 & -\boldsymbol{B}_2 & -\mathrm{i}\boldsymbol{E}_1 \\ -\boldsymbol{B}_3 & 0 & \boldsymbol{B}_1 & -\mathrm{i}\boldsymbol{E}_2 \\ \boldsymbol{B}_2 & -\boldsymbol{B}_1 & 0 & -\mathrm{i}\boldsymbol{E}_3 \\ \mathrm{i}\boldsymbol{E}_1 & \mathrm{i}\boldsymbol{E}_2 & \mathrm{i}\boldsymbol{E}_3 & 0 \end{pmatrix},$$

解毕.

例 16 将高斯制下的 4-电流密度矢量表达式 $J_\mu=(\boldsymbol{j},\mathrm{i}c\rho)$ 和含场源麦克斯韦方程的四维形式 $\partial_\nu F_{\mu\nu}=4\pi J_\mu/c$ 转换至 SI 制.

解 由附表 8 可见，J_μ、$\boldsymbol{j}$ 和 ρ 的替换格式相同，从而 $J_\mu=(\boldsymbol{j},\mathrm{i}c\rho)$ 在替换之后形式保持不变，即 4-电流密度矢量在两种单位制下的表达式相同. 对于含场源麦克斯韦方程，按附表 8 给出的替换格式进行自左至右替换：$F_{\mu\nu} \to \sqrt{4\pi/\mu_0}\,F_{\mu\nu}$，$J_\mu \to J_\mu/\sqrt{4\pi\varepsilon_0}$，$c \to 1/\sqrt{\mu_0\varepsilon_0}$，得

$$\sqrt{\frac{4\pi}{\mu_0}}\partial_\nu F_{\mu\nu} = \frac{4\pi}{c}\frac{1}{\sqrt{4\pi\varepsilon_0}}J_\mu = 4\pi\frac{\sqrt{\varepsilon_0\mu_0}}{\sqrt{4\pi\varepsilon_0}}J_\mu$$

$$\Rightarrow \partial_\nu F_{\mu\nu} = \mu_0 J_\mu,$$

解毕.

对于其他单位制之间的公式转换，虽唯一存在并可自行构建类似附表 8 的替换格式表，但颇费精力和时间. 如果需要经常在两种单位制之间进行公式转换，即便费时费力，也值得去构建这种替换格式表. 不过，在多数情况下，不同单位制下的公式转换仅限于个别物理公式，用不着大动干戈去系统构建这类替换格式表. **在没有这类现成替换格式表的情况下，我们可以从单位比数出发去实施两个单位制之间的公式转换，正如例 8～例 10 所做过的那样. 换言之，从单位比数出发进行不同单位制之间的公式转换虽说略显繁琐，但却是我们需要熟练掌握的基本方法.**

第3章　自然单位制

构建单位制的主要目标在于其简单实用. 在对物理规律的理论分析中,人们追求公式简单,不希望在公式中出现过多的比例系数,特别是有量纲常数. 在进行定量计算时,人们追求单位实用,读数适中,以免在计算机计算中出现上溢或下溢现象. 因此,在某些学科领域的理论分析和几乎所有数值模拟的计算程序中,仍在使用非国际单位制. 其中,量子力学和粒子物理领域常用的"自然单位制"、原子和分子物理领域常用的"原子单位制"和数值计算中引入的"计算单位制",就属于这类单位制的典型例子,本章和下面两章将分别进行介绍. 通过这一介绍,使读者进一步了解单位制的构建和不同单位制之间的转换方法.

3.1　基准单位制

在构建一种新的单位制时,我们需要事先选择一种自己熟悉或喜好的现成单位制作为基础，以下将其称为“基准单位制”. 基准单位制选定之后，新单位制的所有单位将用基准单位制的单位表示，新单位相对基准单位制单位的“读数”即为对应物理量的单位比数（新单位与基准单位制单位之比）. 为简化构建过程和便于应用，**通常规定新单位制下的物理方程与基准单位制下的相应方程数学形式相同，差别仅仅在于可能出现在基准单位制物理公式中的有量纲物理常数. 新单位制下的有量纲物理常数，部分被设为无量纲常数 1，从相关物理公式中消失；其余部分则需实施由基准单位制至新单位制的读数转换**[①]. 由国际计量大会统一规定的 SI 制，以及在书刊文献上常见的高斯制，均可选作基准单位制. 当然，我们应当优先选择 SI 制作为基准单位制. 其理由很简单：我们对 SI 制比较熟悉，从而给新单位制的构建（包括导出单位的确定和物理公式的转换两个方面）带来便利；容易将新单位制下的物理公式和计算结果（物理量的读数）直接转换至 SI 制，以保证出版物符合统一使用 SI 制的国际公约.

---

① 当新单位制的基本量个数超过基准单位制基本量个数时，新单位制下的某些公式中将会出现新的有量纲物理常数.

3.2 将有量纲物理常数设为无量纲常数 1 的含义及后果

在正式讨论新单位制的构建之前，有必要解释一下“令基准单位制下的某个有量纲物理常数等于另一个单位制下的无量纲常数 1”的确切含义及其后果. 初接触单位制概念的读者可能感到这种做法不可思议：明明有量纲，怎么能设为无量纲？明明不等于 1，怎么能设其为 1？之所以产生这类疑惑，是因为对量纲和读数的相对性缺乏理解. 如 1.5 节所述，量纲和读数并非物理量本身的固有特性，二者与所选择的单位制密切相关. 在不同单位制下，一个物理量可具有不同的量纲和读数. 因此，让一个单位制下的有量纲物理常数在另一个单位制下化为无量纲量，且读数正好等于 1，是可以办到的. 下面我们以真空光速 c 为例，对这一结论做出具体说明. 在 MKS 制下，真空光速为有量纲物理常数，其量纲为 $[c]=LT^{-1}$，读数为 $c=3\times10^8(m\cdot s^{-1})$. 我们希望在 MKS 制的基础上，构建一种新的单位制，使得真空光速等于无量纲常数 1. 为此，我们将长度从 MKS 制的基本量中删除，仅保留质量和时间作为基本量，其基本单位维持不变. 为以后叙述方便，将所得到的单位制称为 KS

制. 在 KS 制下，基本量只有质量和时间两个，长度为导出量. 我们可以仿照 2.5 节例 5～例 6 的做法，计算两种单位制间长度的单位比数. 为此，选择光在真空中的传播距离公式，它在 MKS 制和 KS 制下的公式如下：

$$l_{\mathrm{MKS}} = ct_{\mathrm{MKS}}, \quad l_{\mathrm{KS}} = t_{\mathrm{KS}},$$

式中，下标"MKS"表示 MKS 制下的读数，下标"KS"表示 KS 制下的读数. 第一个公式中的 c 为 MKS 制下的真空光速，$c=3\times10^8(\mathrm{m}\cdot\mathrm{s}^{-1})$；按事先约定(即在 KS 制下真空光速被令为无量纲常数 1)，第二个公式中不出现真空光速 c. 将第一式除以第二式得两单位制下的读数比关系：

$$l_{\mathrm{MKS}}/l_{\mathrm{KS}} = ct_{\mathrm{MKS}}/t_{\mathrm{KS}}.$$

利用读数比与单位比数的倒数关系得

$$\frac{\text{KS 长度单位}}{\text{MKS 长度单位}} = c\,\frac{\text{KS 时间单位}}{\text{MKS 时间单位}} = 3\times10^8,$$

推导中用到 $c=3\times10^8$ 和时间单位比数等于 1 的条件. 于是，我们推得 KS 制下的长度单位为 3×10^8 m. 从 KS 制下光在真空中的传播距离公式 $l=t$ 出发，可判断 KS 制下的长度与时间量纲相同，以至长度的 KS 单位为 s，$1\mathrm{s}=3\times10^8$ m，速度(等于长度除以时间)为无量纲量. 因此，在 KS 制下，真空光速为无量纲量，且其数值正好等于 1，达到我们的预期目的. 用时间单位表示距离，常见于科学技术领域和日常生活之中. 例如,在天文学领域常用光年作为距离单位(以年作为时间单位,暗中规定真空光速等于无量纲常数 1);在日常生活中,当有人问你火车站有多远,你可以回答"乘出租车大约半小时"(以小时作为时间单位暗中规定出租车的平均速度等于无量纲常数 1).

以上将基准单位制下的真空光速设为无量纲常数 1,导致新单位制中的基本量减少一个,且速度转化为无量纲量. 换成基准单位制下别的有量纲物理常数,成立类似的结论. 其实,每令一个有量纲物理常数等于 1,等于给基本量加上一个附加条件. 以 MKSA 制为例,设物理常数 Q 的量纲可表为$[Q]=\mathrm{L}^{\alpha}\mathrm{M}^{\beta}\mathrm{T}^{\gamma}\mathrm{I}^{\delta}$. 若令其在另一个单位制下为无量纲量,则相当于提出如下约束条件$[l]^{\alpha}[m]^{\beta}[t]^{\gamma}[I]^{\delta}=1$;满足该约束条件的唯一途径是删除一个基本量. 当然,所删除的基本量不一定正好就是 MKSA 制下的基本量之中一个,它可以是该单位制下所有基本量某个幂次的乘积,取决于单位构建者本人的意愿. 不过有一点是确定的:**不论在新的单位制下怎样选择基本量,每令一个有量纲物理常数等于无量纲常数 1,基本量必须减少一个**. 顺便指出,如果被令为无量纲常数 1 的有量纲物理常数的个数等于基准单位制基本量的个数,将会导致新单位制的基本量个数为 0. 对于这种没有基本量的单位制，全部物理量的单位均为导出单位，其大小与究竟选择哪些有量纲物理常数（令其为无量纲常数 1）有关．这类单位制虽在逻辑上允许存在，但不见有人构建并使用．当然，令为 1 的有量纲物理常数的个数决不允许超过基准单位制的基本量数目，否则会引起矛盾．

3.3　自然单位制的定义

量子力学、量子场论和粒子物理处理微观高速现象，其中涉及量子效应、相对论效应和统计效应，分别由有量纲物理常数普朗克常量 h（$h=6.626\times10^{-34}\ \mathrm{J\cdot s}$）、真空光速 c（$c=3\times10^{8}\ \mathrm{m\cdot s^{-1}}$）和玻耳兹曼常量 k_B（$k_B=1.381\times10^{-23}\ \mathrm{J\cdot K^{-1}}$）所体现．此外，还引入所谓"约化"普朗克常量 $\hbar$（$\equiv h/(2\pi)$），使得部分量子力学公式更加简洁．为简化物理公式，可规定上述三个有量纲物理常数 、c 和 k_B 均等于无量纲常数 1（在 SI 制下，等效于规定四个有量纲常数 $\hbar$、ε_0、μ_0 和 k_B 等于 1，这时真空光速 $c=1/\sqrt{\varepsilon_0\mu_0}$ 也等于 1），使这些有量纲常数从公式中消失．与此相应，基本量的个数将由四个（以高斯制作为基准单位制，基本量为长度、质量、时间和温度）或五个（以国际制作为基准单位制，基本量为长度、质量、时间、电流强度和温度)减至一个.这样构建的单位制称为"自然单位制",相应的单位称为"自然单位".自然单位制的物理公式不仅形式简单,而且使得对微观物理量和物理规律的物理意义的表述更加直接,计算过程更为简化.

3.4 以 SI 制作为基准单位制

在自然单位制中,由于令真空光速等于 1,则速度的自然单位被自动确定为 $v_0 = 3\times10^8\ \text{m}\cdot\text{s}^{-1}$,且速度转换为无量纲量,长度和时间的量纲相同.在自然单位制中,对仅有的一个基本量及其单位的选择,学术界未作统一规定.例如,基本量可以选取能量、质量、长度、时间或其他任何一个有量纲物理量,其单位(即基本单位)也可以随意选取.在粒子物理中,常取能量为基本量,基本单位常选为 eV(电子伏特,$1\ \text{eV} = 1.602\times10^{-19}\ \text{J}$),keV($10^3$ eV),MeV(10^6 eV)或 GeV(10^9 eV).以下为明确起见,我们取 SI 制作为基准单位制,以能量作为基本量,以 MeV 作为基本单位.其余物理量均为导出量,其单位由能量的单位导出,其量纲为能量量纲的幂次.**以下约定:从 SI 制下的物理方程中删除有量纲常数 $\hbar$、ε_0、μ_0、c 和 k_B,即可获得自然单位制下的相应方程(参见附**

表 7 最末一列）. 依据这一约定，自然单位制下各物理量的自然单位和量纲的确定特别简单：**从 SI 制下的物理公式中，选择一个作为某物理量的定义方程，该方程中可以出现已被设为 1 的有量纲物理常数 $\hbar$、ε_0、μ_0、c 和 k_B（这些常数至少在某个定义方程中出现一次），但不允许出现其他有量纲物理常数（例如引力常量、热传导系数、黏滞系数、电导率等）；从该定义方程中删除无量纲比例系数，即可直接确定该物理量在自然单位制下的单位和量纲**. 下面对这一做法的依据和具体步骤做出说明.

我们举个例子：先按照 2.5 节例 5～例 6 给出的一般步骤确定待求物理量的单位比数，然后从中找出上述自然单位制下物理量的单位和量纲的直接确定方法的依据和具体步骤. 为方便起见，我们引入单位比数 β_P，它等于物理量 P 的自然单位与 SI 单位之比：

$$\beta_P = \frac{\text{自然单位}(P)}{\text{SI 单位}(P)} = \frac{P_{\text{SI}}}{P_{\text{N}}}, \tag{12}$$

式中，P_{SI} 为物理量 P 在 SI 制下的读数，P_{N} 为物理量 P 在自然单位制下的读数，读数与单位大小之间满足反比关系.

例 17　推出自然单位制和 SI 制下质量的单位比数.

解　(a) 爱因斯坦质能关系在 SI 制和自然单位制

下的表达式如下：

$$W_{\mathrm{SI}} = m_{\mathrm{SI}}c^2, \quad W_{\mathrm{N}} = m_{\mathrm{N}}, \tag{13}$$

式中，下标“SI”表示 SI 制下的读数，下标“N”表示自然单位制下的读数，第一个公式中的 c 为 MKS 制下的真空光速，$c=3\times10^8(\mathrm{m}\cdot\mathrm{s}^{-1})$；按事先约定(即在自然单位制下真空光速被令为无量纲常数 1)，第二个公式中不出现因子 c^2.

(b) 将式(13)的第一式除以第二式得两单位制下的读数比关系：

$$\frac{W_{\mathrm{SI}}}{W_{\mathrm{N}}} = c^2\,\frac{m_{\mathrm{SI}}}{m_{\mathrm{N}}}.$$

(c) 利用读数比与单位比数的倒数关系式(12)，将上式改写为单位比数关系：

$$\beta_W = c^2\beta_m, \tag{14}$$

式中 β_W 和 β_m 分别为能量和质量的单位比数(自然单位/SI 单位).

(d) 将单位比数 $\beta_W=1\ \mathrm{MeV}/1\ \mathrm{J}=1.602\times10^{-13}$ 和常数 $c=3\times10^8$ 代入上式，最终求得质量的单位比数 $\beta_m=1.780\times10^{-30}$，解毕.

将单位比数 β_m 附上相应的 SI 单位 kg，立即获得质量的自然单位 $m_0=1.780\times10^{-30}$ kg，其中规定用下标 0 表示对应物理量的自然单位(真空介电常量 ε_0 和真空

磁导率 μ_0 的下标 0 例外). 将 β_W 附上相应的 SI 单位 J, 将读数 $c=3\times10^8$ 附上相应的 SI 单位 $\mathrm{m\cdot s^{-1}}$,可同时获得能量的自然单位 $W_0=1.602\times10^{-13}$ J 和真空光速的物理值 $c=3\times10^8\ \mathrm{m\cdot s^{-1}}$. 注意,这里为简化表述,我们仍使用同一符号 c 表示真空光速的物理值(即同时包含读数和单位);该符号在式(14)中则表示真空光速在 SI 制下的读数. 对于其他被自然单位制取 1 的有量纲物理常数 ε_0、μ_0 和 $\hbar$,我们也采取类似的简化表述方式,即它们在单位比数关系式中表示 SI 制下的读数,在单位关系式中表示物理值. 按上述步骤附上 SI 单位之后,式(14)仍然成立,理由是该式左边附加的单位 J 和右边附加的单位 $(\mathrm{m\cdot s^{-1}})^2\cdot\mathrm{kg}$ 实质上属于同一单位(即能量单位: $1\ \mathrm{J}=1(\mathrm{m\cdot s^{-1}})^2\cdot\mathrm{kg}$). 经过这一修改之后,式(14)化为如下自然单位之间的关系:

$$W_0=m_0c^2. \tag{15}$$

上述关系与 SI 制下的爱因斯坦质能关系式(见式(13)第一式)的形式完全相同. 从上述能量自然单位的导出过程,我们得出如下重要结论: **直接将 SI 制下的爱因斯坦质能关系改写为计算单位关系,即可由已知的能量自然单位确定质量的自然单位.** 有了这条结论,我们就可以省去上述步骤(a)~(d),将爱因斯坦质能关系式(式(13)第一式)直接改写为计算单位关系式(15),然后由规定的能量基本单位 W_0，计算质量的自然单位 m_0（式中 $c=3\times10^8\ \mathrm{m\cdot s^{-1}}$），其结果为 $m_0=1.780\times10^{-30}\ \mathrm{kg}$，与例 17 的分析结果完全一致. 同样的计算方案适合于其他物理量的自然单位的确定. 另外，在自然单位制中，c 被取为无量纲常数 1（见式(13)第二式），相应质量的量纲与能量的量纲 W（W 作为基本量纲）相同，于是质量的自然单位也为 MeV，其实际含义是 $1\ \mathrm{MeV}(m)=1.780\times10^{-30}\ \mathrm{kg}$.

有时，在 SI 制下的公式中会出现不等于 1 的无量纲系数. 对于这种情况，**应将公式中的无量纲系数删除，再行计算待求物理量的自然单位**. 下面举例说明.

例 18 推出自然单位制和 SI 制下的角频率和频率的自然单位.

解 SI 制下的能量子公式为 $W=\hbar\omega$，式中不含无量纲系数. 按刚提到的计算方案，直接将 SI 制下的能量子公式改写为自然单位关系式 $W_0=\hbar\omega_0$，立即由能量自然单位算得角频率的自然单位：

$$\omega_0=W_0/\hbar=1.519\times10^{21}\ \mathrm{rad\cdot s^{-1}}.$$

在自然单位制下，$\hbar$ 被取为无量纲常数 1，角频率与能量量纲相同，也为 W. 因此，角频率的自然单位为 MeV，其实际含义是 $1\ \mathrm{MeV}(\omega)=1.519\times10^{21}\ \mathrm{rad\cdot s^{-1}}$.

频率与角频率的关系在两个单位制下的形式相同，

为 $\nu=\omega/(2\pi)$，其中出现无量纲常数 2π（立体角被认为是无量纲量）. 按刚才提出的做法，可推得单位比数关系 $\beta_\nu=\beta_\omega$，附上 SI 单位之后得单位关系 $\nu_0=\omega_0/\text{rad}$. 该关系式中不出现因子 2π，只留下它所包含的立体角（无量纲量）单位"rad". 也就是说，**在由角频率自然单位计算频率的自然单位时，原 SI 制下的公式 $\nu=\omega/(2\pi)$ 中的无量纲系数 2π 应予删除**（但保留它的单位 rad），即按 $\nu_0=\omega_0/\text{rad}$ 计算频率的自然单位 ν_0，其结果为

$$\nu_0 = 1.519\times10^{21}\ \text{s}^{-1} = 1.519\times10^{21}\ \text{Hz}.$$

频率与角频率量纲相同，也为 W. 因此，频率的自然单位为 MeV，其实际含义是 $1\ \text{MeV}(\nu)=1.519\times10^{21}\ \text{Hz}$. 读者切记不可从 $\nu=\omega/(2\pi)$ 出发取 $\nu_0=\omega_0/(2\pi)$，这一取法将违反我们事先关于方程形式不变的约定. 不难证明，若按 $\nu_0=\omega_0/(2\pi)$ 确定频率的自然单位，将导致自然单位制下频率与角频率的关系式的形式发生变化，转化为 $\nu=\omega$；该式显然使人感到别扭. 也就是说，为确保我们早已习惯的公式 $\nu=\omega/(2\pi)$ 形式不变，我们应当按 $\nu_0=\omega_0/\text{rad}$ 确定频率的自然单位 ν_0.

按照同样的做法，我们可以从 SI 制下的公式出发，相继导出其他物理量的自然单位. 例如，从 $t=1/\nu$ 出发，推得时间的计算单位为 $t_0=1/\nu_0=6.582\times10^{-22}\ \text{s}$，量纲为 W^{-1}，自然单位为 MeV^{-1}；从 $l=vt$ 出发，推得长

度的计算单位为 $l_0=v_0t_0=1.975\times10^{-13}$ m，量纲为 W^{-1}（速度 v 的量纲为 W^0，即速度为无量纲量），自然单位为 MeV^{-1}；从 $W=Fl$ 出发，推得力的计算单位为 $F_0=W_0/l_0=0.8114$ N，量纲为 W^2，自然单位为 MeV^2；从库仑定律 $F=q^2/(4\pi\varepsilon_0r^2)$ 出发，推得电量的计算单位为 $q_0=l_0\sqrt{\varepsilon_0F_0}=5.289\times10^{-19}$ C（注意无量纲常数 4π 已从单位关系式中删除），量纲为 W^0；从分子热运动每个自由度对应的平均分子动能公式 $\bar{\varepsilon}=k_BT/2$ 出发，推得温度的计算单位为 $T_0=W_0/k_B=1.160\times10^{10}$ K（注意，无量纲常数 1/2 已从单位关系式中删除），量纲为 W，1 MeV(T)$=1.160\times10^{10}$ K. 在自然单位制下，常见力学量和电磁学量的自然单位和量纲计算结果列于附表 9，部分电磁学公式列于附表 7 最末一列. 由附表 7 可见，自然单位制下的物理公式简单，不出现约化普朗克常量、真空介电常量、真空磁导率、真空光速、玻耳兹曼常量等有量纲物理常数.

例 19 精细结构常数在 SI 制下的表达式为 $\alpha=e^2/(4\pi\varepsilon_0c\hbar)$，给出它在自然单位制下的表达式，并在该单位制下计算 α 的数值.

解 将有量纲常数 ε_0、c 和从所给公式中删除得 $\alpha=e^2/(4\pi)$，它即为精细结构常数在自然单位制下的表达式. 将电子电量 1.602×10^{-19} C 转换至自然单位

(1 自然单位电量 $= 5.288\times10^{-19}$C,参见附表 9),则在自然单位制下电子电量的读数为

$$e = 1.602\times10^{-19}/(5.288\times10^{-19}) = 0.3030,$$

据此求得精细结构常数

$$\alpha = 0.303^2/(4\pi) = 7.30\times10^{-3} = 1/137.$$

以上取能量作为基本量,取 MeV 为基本单位,只是一种选择方案. 首先,在基本量确定之后,可以随意选取基本单位. 如前所述,仅改变基本单位大小,不会影响物理量的量纲;从量纲式出发,可以进行单位换算. 例如,若以 eV 取代 MeV 作为能量单位,能量单位被缩小至原来的百万分之一,则按附表 9 末列给出的量纲表达式,量纲为 W^{-1}的物理量(如长度、时间、电感、电容等)的单位将扩大至原单位的10^6 倍,量纲为 W^0 物理量(即无量纲量,如速度、电量、电阻、磁通量等)的单位维持不变,量纲为 W 的物理量(如质量、频率、能量、电流强度、电势等)的单位将缩小至原单位的百万分之一,依此类推. 其次,也可以取别的有量纲物理量作为基本量,其单位(基本单位)也可以随意选择. 注意,**这里的“有量纲”,指的是在自然单位制下有量纲**. 附表 9 所列的量纲为 W^0 的物理量为自然单位制下的“无量纲”量,均不能选作基本量. 实际上,这些量的单位已被有量纲物理常数 $\hbar$、ε_0、μ_0 和 k_B 等于 1 的条件所确定,与基本量和基本单

位的选择无关.在自然单位制下,长度的量纲为 W^{-1},属于有量纲量,可选作基本量.这时,各物理量的量纲将表为长度量纲“L”的幂次.容易看出,只需将附表 9 列出的量纲符号 W 改为 L^{-1}(相应 $W^{-1}, W^0, W, W^2, W^3, W^4$ 分别改为 $L, L^0, L^{-1}, L^{-2}, L^{-3}, L^{-4}$),即可获得以长度作为基本量的自然单位制下的各物理量的量纲.一旦长度的基本单位选定之后,即可按附表 9 给出的定义式依次确定其他物理量的自然单位.例如,设长度的单位(基本单位)为 $l_0=10^{-15}$ m,则由已经获得的速度单位(即真空光速)定出时间单位为

$$t_0 = l_0/v_0 = 10^{-15}/(3\times10^8) = 3.333\times10^{-24}\ \text{s},$$

由 $\nu_0=1/t_0$ 定出频率单位为 $\nu_0=3\times10^{23}$ Hz,由 $\omega_0=\nu_0\cdot\text{rad}$定出角频率的单位为 $\omega_0=3\times10^{23}\ \text{rad}\cdot\text{s}^{-1}$,由 $W_0=\hbar\omega_0$ 定出能量单位为

$$W_0 = 3.164\times10^{-11}\ \text{J} = 1.975\times10^2\,\text{MeV};$$

等等.所有单位关系式与以能量作为基本量时的单位关系式相同,即其余物理量的自然单位可按附表 9 给出的定义式求得,对此不作赘述.

每条物理规律一般都对应一个有量纲物理常数,例如万有引力定律中引入的引力常量,热传导定律中引入的热传导系数,黏滞定律中引入的黏滞系数,欧姆定律中引入的电导率等.这些有量纲物理常数不胜枚举,无

法通过单位制的选择(减少基本量的数目)将它们从物理公式中全部消除. 在构建一种特殊单位制时,我们只能选择那些经常出现的有量纲物理常数,让其从相关物理公式中消失;其他有量纲物理常数则仍然保留在对应的物理定律之中. 在新构建的单位制中,这些有量纲物理常数的单位因而读数将会发生改变;构建者的任务就是算出它们在新单位制下的读数,以便在有必要使用这些物理定律时,能正确地进行定量计算. 为此,只需按 2.5 节例 7 的做法,求出该常数的单位比数,然后进行读数换算. 下面仍以例 7 为例,计算热传导系数在自然单位制下的读数.

例 20　求完全电离的质子－电子等离子体中热传导定律(式(8))中热传导系数在自然单位制下的读数和物理值.

解　由例 7 的结果,热传导系数 κ 的单位比数为 $\alpha_\kappa=\alpha_Q\alpha_l\alpha_T^{-7/2}$,只是这里的单位比数定义为自然单位与 SI 单位之比. 由附表 9 查出由 $\alpha_Q=6.243\times10^{33}$(热流密度单位比数等于能流密度单位比数)、$\alpha_l=1.975\times10^{-13}$ 和 $\alpha_T=1.160\times10^{10}$,算得 $\alpha_\kappa=7.334\times10^{-15}$,利用读数比与单位比数的反比关系,最终求得自然单位制下的 $\kappa_N=\kappa_{SI}/\alpha_\kappa=5.5\times10^{-12}/7.334\times10^{-15}=750$;接着,由附表 9 可求得热传导系数的量纲为

$$[\kappa] = W^4 \cdot W^{-1} \cdot W^{-7/2} = W^{-1/2},$$

即自然单位制下的热传导系数的物理值等于 $750\ \mathrm{MeV}^{-1/2}$,解毕.

3.5 以高斯制作为基准单位制

以上取 SI 制作为基准单位制,据此构建自然单位制并导出常见物理公式和物理量的自然单位和量纲. 原则上我们也可选择高斯制作为基准单位制;鉴于人们在微观领域普遍使用高斯制,这种方案更为流行. 这时,自然单位制下的全部公式来自高斯制的相应公式,只需删除公式中出现的约化普朗克常量、真空光速和玻尔兹曼常量. 高斯制和 SI 制下的物理公式的力学部分形式完全相同,故将基准单位制改为高斯制之后,新自然单位制下的纯力学公式保持不变,与取 SI 制作为基准单位制时的结果一样. 受到影响的只是电磁学公式:差别仅限于几何因子 4π 的是否出现:它从电磁相互作用定律中消失,转而出现在麦克斯韦方程之中. 该因子同时会给电磁学量的自然单位带来影响. 为定量分析这种影响,我们可以仿照前面的做法,从高斯制下的公式出发,一一导出各物理量的新的自然单位. 提醒注意的是:**关于电磁学量的"新"自然单位的计算必须在高斯制下进**

行:一切自然单位,包括已知的和待求的,以及全部被令为1的有量纲常数的"读数",均在高斯制下取值. 例如应取 $c=3\times10^{10}\ \mathrm{cm\cdot s^{-1}}$,而非SI制下的 $3\times10^{8}\ \mathrm{m\cdot s^{-1}}$; $\hbar=1.0546\times10^{-27}\ \mathrm{erg\cdot s\cdot rad^{-1}}$,也不是SI制下的 $1.0546\times10^{-34}\ \mathrm{J\cdot s\cdot rad^{-1}}$,等等. **在算得待求自然单位的读数时,其单位为高斯单位,而非SI单位.** 如有必要,可按附表6提供的单位比数将新自然单位的读数转换至SI制下的读数. 此外,**在自然单位制下各物理量的量纲与基准单位制的选择无关**,亦即在以高斯制作为基准单位制构建的自然单位制中,各物理量的量纲仍由附表9最末一列表示.

我们将分析和计算任务留给读者,下面只给出关于物理公式和自然单位改变方式的分析结论,读者不难一一验证这些结论. 我们不妨假定基本量和基本单位相同(例如基本量同为能量,基本单位同为MeV),只是对基准单位制作不同选择:一个选择高斯制,一个选择SI制. 依据这两种选择构建的自然单位制,各有一套物理公式和自然单位,成立如下结论:

(1) 两种自然单位制下的纯力学公式和力学量的自然单位完全相同.

(2) 两种自然单位制下的电磁学公式的差别仅仅在于公式中可能出现的几何因子 4π,通过对比附表7

中头两列公式,可以清楚看出这种差别(弃去其中的有量纲常数 ε_0、μ_0 和 c).

(3) 上述差别导致电磁学量的自然单位出现差别. **以高斯制为基准单位制所导出的自然单位与以SI制为基准单位制所导出的自然单位不同,二者之比与电磁学量的物理性质有关:**

(a) 对与场源有关的物理量,例如电量、电荷密度、电流强度、电流密度、极化强度(与束缚电荷有关)、磁化强度(与束缚电流有关)等,该单位比等于 $\sqrt{4\pi}=3.545$;

(b) 对与场有关的物理量,例如电势、电场强度、电位移矢量、电通量、磁矢势、磁感应强度、磁场强度、磁通量等,该单位比等于 $1/\sqrt{4\pi}=0.2821$;

(c) 对由场源量与场量之比定义的物理量,例如电导率($\sigma=j/E$)、电导($G=I/U$)、电容 $C=q/U$ 等,该单位比等于 $4\pi=12.566$;

(d) 对由场量与场源量之比定义的物理量,例如电阻率($\eta=E/j$)、电阻($R=U/I$)、阻抗($Z=U/I$)、电感 $L=\Phi_m/I$ 等,该单位比等于 $1/(4\pi)=0.07958$.

例 21 验证:在以高斯单位制为基准单位制的"新"自然单位制下,电量的自然单位等于附表 9 中电量自然单位的 $\sqrt{4\pi}$ 倍.

证 将基准单位制改为高斯制之后,只要作为基本量的能量的单位不变(仍为1 MeV),力学量的自然单位的物理值将不受影响,即仍有力的自然单位为 $F_0=0.8114\ \mathrm{N}$ 和长度的自然单位为 $l_0=1.975\times10^{-13}\ \mathrm{m}$. 在高斯制下,将这些自然单位等效地改成 $F_0'=0.8114\times10^5\ \mathrm{dyn}$ 和 $l_0'=1.975\times10^{-11}\ \mathrm{cm}$. 以下在高斯制下进行运算,相关物理量及其自然单位加上撇号以避免混淆. 由高斯制下真空中点电荷相互作用的库仑定律 $F'=q'^2/r'^2$,推得新自然单位制下电量的自然单位为

$$q'_0=r'_0\sqrt{F'_0}=1.975\times10^{-11}\times(0.8144\times10^5)^{1/2}$$
$$=5.626\times10^{-9},$$

该读数以CGSE(q)为单位. 转换至SI单位,有

$$q'_0=5.626\times10^{-9}/(3\times10^9)=1.875\times10^{-18}C,$$

它正好等于附表9列出的电量自然单位

$$q_0=5.289\times10^{-19}\ \mathrm{C}$$

的3.545即 $\sqrt{4\pi}$ 倍,证毕.

例22　精细结构常数在SI制下的表达式为 $\alpha=e^2/(4\pi\varepsilon_0c\,\hbar)$,将其转换至高斯制,然后转换至以高斯制作为基准单位制的自然单位制,并与以SI制为基准单位制的自然单位制下的公式进行比较.

解　按附表8,将电子电量 e 代之以 $\sqrt{4\pi\varepsilon_0}\ e$,得高斯制下的公式 $\alpha=e^2/(c\,\hbar)$. 进一步删去式中的真空光速 c 和 $\hbar$ 得相应自然单位制下的精细结构常数公式 $\alpha=$

e^2;与以 SI 制为基准单位制的自然单位制下的相应公式 $\alpha=e^2/(4\pi)$比较,相差因子 4π. 这一差别来自两种自然单位制下的电量单位的不同. 如前所述,以高斯制为基准单位制所导出的电量自然单位与以 SI 制为基准单位制所导出的电量自然单位之比为$\sqrt{4\pi}$,电子电量的读数之比为 $1/\sqrt{4\pi}$,亦即 e^2 的读数之比为 $1/4\pi$. 如将所得公式 $\alpha=e^2$ 右边乘以因子 $1/4\pi$,相当于使用以 SI 制为基准单位制的自然单位制下的电子电量读数,则公式变为 $\alpha=e^2/(4\pi)$,回到以 SI 制为基准单位制的自然单位制下的精细结构常数公式.

3.6 以无理化 MKSA 制作为基准单位制

自然单位制的构建还存在其他方案,例如可以用无理化 MKSA 制作为基准单位制,其中电磁学部分涉及的有量纲物理常数为 ε_0'和 μ_0',它们与真空介电常量 ε_0 和真空磁导率 μ_0 的关系是 $\varepsilon_0'=4\pi\varepsilon_0$,$\mu_0'=\mu_0/(4\pi)$. 无理化 MKSA 制与 SI 制(电磁学部分)的区别仅仅在于将几何因子 4π 吸收至有量纲物理常数ε_0'和 μ_0'之中. 若以无理化 MKSA 制作为基准单位制,则应取 $\varepsilon_0'=\mu_0'=1$,使这两个有量纲物理常数从方程中消失. 这实际上与如下做法等效:以 SI 制为基准单位制,取 $\varepsilon_0=1/(4\pi)$、

$\mu_0=4\pi$. 这样得到的自然单位制属于“无理化”单位制：几何因子 4π 从电磁相互作用的实验定律中消失，转而出现在麦克斯韦方程之中. 于是，无理化自然单位制下的全部公式(与基本量和基本单位的选择无关)和所有单位(在基本量和基本单位相同的情况下)与以高斯制作为基准单位制所得到的(无理化)自然单位制下的公式和单位相同. 因此，我们将得出如下重要结论：在基本量和基本单位相同的情况下，所构建的自然单位制只有两种类型：有理化自然单位制和无理化自然单位制. 前者选择有理化单位制(例如 SI 值或亥维赛－洛伦兹单位制)作为基准单位制，后者选择无理化单位制(高斯制或无理化 MKSA 制)作为基准单位制.

第 4 章　原子单位制

在原子分子物理领域，电子起关键作用. 为实现对电子作用的直接描述，人们希望取质量和电量作为基本量，以电子质量（$m_e = 9.1094 \times 10^{-31}$ kg）和电子电量绝对值（$e = 1.6022 \times 10^{-19}$ C）作为基本单位. 基本量增至两个，所构建的单位制将与上一章提到的自然单位制显著不同. 为简明起见，我们将单位制限于电磁学领域，并选择高斯制作为基准单位制①. 在高斯制下，基本量数目为 3，有关物理公式中出现两个有量纲物理常数：约化普朗克常量$\hbar = 1.0546 \times 10^{-27}$ erg · s · rad^{-1}和真空光速 $c = 3 \times 10^{10}$ cm · s^{-1}（注意：我们已经开始使用高斯制）. 现取质量和电量作为基本量，只允许规定其中一个有量纲物理常数等于无量纲常数 1. 考虑到微观领域量子效应起主导作用，**取约化普朗克常量$\hbar$为 1；对余下的有量纲物理常数 c，有待求得速度的导出单位之后对**

---

① 在量子力学领域的书刊中常使用高斯制，很少有人使用 SI 制. 与此相应，原子单位制也以高斯制作为基准单位制.

其读数进行换算. 这样构建的单位制广泛应用于原子和分子物理领域，称为原子单位制. 由于以高斯制作为基准单位制，则**原子单位制下的物理公式直接来自高斯制下的物理公式，只需删除其中的有量纲常数物理$\hbar$，以及将有量纲物理常数 c 改为原子单位制下的读数**.

为获得其他物理量的导出单位，我们需要找到定义方程，要求方程中出现待定单位的物理量，且其他物理量的单位已被确定. 在确定第一个导出量的导出单位时，已规定单位的物理量只有基本量. 因此，我们要求所选择的定义方程中只出现基本量和待定单位的导出量. 这一要求一般不难实现，前面讨论过的所有单位制均能满足. 可是，对于原子单位制而言，这一要求无法满足，因为作为基本量之一的电子电量，较之通常的基本量长度和时间来说，与其他物理量的联系程度要低得多. 我们找不到一个合适的定义式或物理公式，其中仅仅包含作为基本量的质量和电量，以及一个待定单位的导出量. 经常发生的情况是，定义式或物理公式中至少出现两个导出量，它们的单位尚待确定. 因此，在构建原子单位制时，我们得采取与众不同的方法.

其实，上述难题不难破解. 为此，我们可以先将原子单位制下的所有单位用带下标“0”的符号表示. 例如，分别用 l_0 表示长度单位，m_0 表示质量单位，t_0 表示时间单位，v_0 表示速度单位，ω_0 表示角频率单位，q_0 表示电量单位，U_0 表示电势单位，E_0 表示电场强度单位，W_0 表示能量单位，等等. 在这些单位中，m_0 和 q_0 已知，

$m_0 = 9.1094 \times 10^{-28}\,\mathrm{g}, q_0 = 4.8064 \times 10^{-10}\,\mathrm{CGSE}(q)$，被规定为原子单位制的基本单位；其余则被视为待求导出单位. **既然高斯制和原子单位制下的公式形式相同，我们可以按照上节提出的构建自然单位制的做法，将高斯制下的物理公式（保留被原子单位制取 1 的有量纲物理常数$\hbar$，删除余下的无量纲常数）改写为单位关系式.** 在这一改写过程中，**一旦碰到真空光速 c，将其视为具速度量纲的通常物理量，即将其改写为速度单位 v_0.** 例如，我们由高斯制下的如下能量（光子能量、质点能量和静电能）公式：

$$W = \hbar\omega, \quad W = mc^2, \quad W = q^2/r$$

出发，得到如下单位关系式：

$$W_0 = \hbar\omega, \quad W_0 = m_0 v_0^2, \quad W_0 = q_0^2/l_0. \qquad (16)$$

这里，我们保留了第一式中的有量纲常数$\hbar$（待消除即被令为 1 的有量纲常数一律保留，参见第 3 章），将第二式中的真空光速 c 视为通常物理量并改写为速度单位 v_0. 注意，在上述所有单位关系式中，均包含两个待定导出单位，无法从中任何一个去单独确定某个导出单位. 另一方面，由定义式（在两种单位制下形式相同）出发可依

次判断 $\omega_0=1/t_0$，$v_0=l_0/t_0$，从而将待定导出单位 ω_0 和 v_0 从式(16)中消去，余下三个待定导出单位 l_0，t_0 和 W_0，恰好有三个方程，可通过联立求解唯一确定这三个待定导出单位与基本单位 m_0 和 q_0 的关系，结果如下：

$$W_0 = m_0 q_0^4/\hbar^2,\quad l_0 = \hbar^2/(m_0 q_0^2),\quad t_0 = \hbar^3/(m_0 q_0^4). \tag{17}$$

顺便由这些关系还可求得原子单位制下能量的量纲 $[W]=\mathrm{MQ}^4$，长度的量纲 $[l]=\mathrm{M}^{-1}\mathrm{Q}^{-2}$ 和时间的量纲 $[t]=\mathrm{M}^{-1}\mathrm{Q}^{-4}$（在原子单位制中，$\hbar$ 被令为 1，属于无量纲量），以及角频率、频率和速度的导出单位和量纲：

$$\omega_0 = m_0 q_0^4/\hbar^3,\quad \nu_0 = \omega_0\cdot\mathrm{rad}^{-1},\quad [\omega]=[\nu]=MQ^4;$$
$$v_0 = q_0^2/\hbar = \alpha c,\quad [v]=Q^2. \tag{18}$$

式中无量纲常数

$$\alpha = q_0^2/(\hbar c) = e^2/(\hbar c) \approx 1/137 \tag{19}$$

称为“精细结构常数”. 顺便指出，式(17)中的 l_0 恰好等于玻尔半径 a：

$$a = \hbar^2/(m_e e^2). \tag{20}$$

利用以上结果，其余力学量的原子单位和量纲不难根据定义式直接导出，对此不作赘述. 有了力学量和电量的原子单位，很容易导出其他电磁学量的原子单位. 例如，可由定义式 $U=W/q$ 导出电势的原子单位 $U_0=W_0/q_0=m_0 q_0^3/\hbar^2$，由电场与电势的关系 $E=Ul$ 导出电

场强度的原子单位 $E_0=U_0/l_0=m_0^2q_0^5/\hbar^4$，由磁能公式 $W=VB^2/(8\pi)$ 导出磁感应强度的原子单位 $B_0=W_0^{1/2}l_0^{-3/2}=m_0^2q_0^5/\hbar^4$，等等. 原子单位制秉承高斯制，故电场强度与磁感应强度单位相同，即 $E_0=B_0$. 利用这些关系式计算原子单位时，必须使用高斯制，计算结果为原子单位与高斯单位之比. 有关计算结果如下($\hbar=1.0546\times10^{-27}$ erg·s·rad^{-1}，在括弧中列出各原子单位在 SI 制下的读数，是利用附表 6 给出的单位比数自高斯制下的读数转换而得)：

$$1\text{ 原子单位质量}=m_0=m_e=9.109\,4\times10^{-28}\text{ g}=9.109\,4\times10^{-31}\text{ kg},$$

$$1\text{ 原子单位电量}=q_0=e=4.8064\times10^{-10}\text{CGSE}(q)=1.6022\times10^{-19}\text{ C},$$

$$\text{精细结构常数}=\alpha=q_0^2/(\hbar c)=(4.8064\times10^{-10})^2\div(1.0546\times10^{-27}\times3\times10^{10})\approx1/137,$$

$$1\text{ 原子单位长度}=l_0=\hbar^2/(m_0q_0^2)=5.285\times10^{-9}\text{ cm}=5.285\times10^{-11}\text{ m},$$

$$1\text{ 原子单位能量}=W_0=m_0q_0^4/\hbar^2=4.371\times10^{-11}\text{ erg}$$

$$=4.371\times10^{-18}\ \mathrm{J}$$
$$=27.27\ \mathrm{eV},$$

1 原子单位时间$=t_0=\hbar/W_0=2.413\times10^{-17}\ \mathrm{s}$，

1 原子单位频率$=f_0=1/t_0=4.145\times10^{16}\ \mathrm{Hz}$，

1 原子单位速度$=v_0=l_0/t_0=2.190\times10^{8}\ \mathrm{cm\cdot s^{-1}}$

$$=2.190\times10^{6}\ \mathrm{m\cdot s^{-1}},$$

1 原子单位电势$=U_0=W_0/q_0$

$$=9.094\times10^{-2}\ \mathrm{CGSE}(U)$$
$$=27.27\ \mathrm{V},$$

1 原子单位电场$=E_0=U_0/l_0$

$$=1.721\times10^{7}\ \mathrm{CGSE}(E)$$
$$=5.162\times10^{11}\ \mathrm{V\cdot m^{-1}},$$

1 原子单位磁感应强度$=B_0=\sqrt{W_0/l_0^3}$

$$=1.721\times10^{7}\ \mathrm{G}$$
$$=1.721\times10^{3}\ \mathrm{T}.$$

如果需要将上述原子单位的定义式改写为 SI 制，可以利用附表 8 给出的替换格式去实现．以长度单位的定义式 $l_0=\hbar^2/(m_0q_0^2)$ 为例，将其中的 q_0 换成 $q_0/\sqrt{4\pi\varepsilon_0}$，即求得 SI 制下原子单位长度的定义式为 $l_0=4\pi\varepsilon_0\hbar^2/(m_0q_0^2)$．将 SI 制下的$\hbar$、$\varepsilon_0$、$m_0(=m_e)$和 $q_0(=e)$的读数代入，可算得结果为 $l_0=5.285\times10^{-11}$，其单位为 m，与在高斯制下按 $l_0=\hbar^2/(m_0q_0^2)$算得的结

果一致.

如前所述,原高斯制下公式中的真空光速 c 必须使用原子单位制下的读数,这一读数等于 $c/v_0=c/(\alpha c)=1/\alpha=137$. **从高斯制下的公式出发,将约化普朗克常量 $\hbar$ 删除,将真空光速 c 改为 $1/\alpha$,就得到原子单位制下的相应公式.** 例如,毕奥-萨伐尔定律 $\mathrm{d}\boldsymbol{B}=I\mathrm{d}\boldsymbol{l}\times\boldsymbol{r}/(cr^3)$(高斯制)经替换 $c\to1/\alpha$ 之后,求得原子单位制下的对应毕奥-萨伐尔定律为 $\mathrm{d}\boldsymbol{B}=\alpha I\mathrm{d}\boldsymbol{l}\times\boldsymbol{r}/r^3$.

按规定,在出版物中要求使用 SI 制.这时最好不使用原子单位制,因为它所依托的高斯制与 SI 制不仅单位不同,而且公式有别,容易造成混乱.在对结果的物理描述中,我们可以使用诸如玻尔半径作为长度单位,$\alpha c=3\times10^{10}/137=2.19\times10^8\ \mathrm{cm\cdot s^{-1}}$ 作为速度单位,但在使用 SI 制下的物理公式进行定量计算的过程中,一定要明确公式中物理量的读数务必使用 SI 单位.如果我们私下使用原子单位制,但在出版物中需要将电磁学公式改为 SI 制,则可按如下步骤进行:先将原子单位制下的公式中的因子 α 改为 $(1/c)$,求得高斯制下的公式;然后按附表 8 给出的替换格式,将高斯制下的公式转换至 SI 制.

第 5 章　计算单位制

在数值模拟中，一般需要构建一种特别的单位制，以模拟对象的特征参量作为基本量，并适当减少基本量的数目，使得直接用于计算的物理公式中的有量纲物理常数消失；所构建的单位制称为计算单位制，其全部单位称为计算单位. 模拟对象的已知参量仍按 SI 制下的读数输入，在模拟程序中转换至计算单位制下的读数. 计算结果也为计算单位制下的读数，可直接输出，事后乘以单位比数(计算单位/SI 单位)转换为 SI 制下的读数；也可在模拟程序中完成这一转换，直接输出 SI 制下的读数. 因此，计算单位制仅限于程序内部使用，程序与用户之间仍使用 SI 制. 如果说前两章介绍的自然单位制和原子单位制涉嫌“违规”的话，计算单位制的构建和使用不仅不算违规，而且势在必行.

计算单位制的构建根据模拟对象的不同而不同，但应遵循两条基本原则. **一是尽量使方程中出现的有量纲物理常数等于 1，即让这些有量纲物理常数从方程中消**

失,从而省去大量不必要的乘除法运算;二是保证物理量的读数大小适中,避免在计算过程中发生上溢和下溢现象. 与此相应,在基本量的选取上应注意如下两个方面的问题. **首先,应适当减少基本量的数目,以消除方程中频繁出现的有量纲常数;每减少一个基本量,消除一个有量纲物理常数**①. **其次,常取物理问题的关键参量作为基本量,以这些参量的典型值作为基本单位,使得相关物理量的读数大小适中**. 下面以太阳风(发自太阳的超声速等离子体,其主要成分为质子和电子)与地球相互作用的理想磁流体力学(MHD)问题为例,介绍计算单位制的构建方法.

理想 MHD 基本方程如下:

$$\frac{\partial \rho}{\partial t} + \nabla \cdot (\rho \boldsymbol{v}) = 0, \tag{21}$$

$$\frac{\partial (\rho \boldsymbol{v})}{\partial t} + \nabla \cdot \left(\rho \boldsymbol{v}\boldsymbol{v} + p^{*} \overset{\leftrightarrow}{\boldsymbol{I}} - \frac{1}{\mu_0}\boldsymbol{B}\boldsymbol{B}\right) - \rho \boldsymbol{g} = 0, \tag{22}$$

$$\frac{\partial \boldsymbol{B}}{\partial t} + \nabla \cdot (\boldsymbol{v}\boldsymbol{B} - \boldsymbol{B}\boldsymbol{v}) = 0, \tag{23}$$

---

① 也有相反的例子:计算单位制基本量的数目超过基准单位制基本量的数目. 这时,构建者意在使得尽可能多的物理量的读数适中,而不十分在乎更多有量纲常数的出现和随之而来的计算量的增加. 每多出一个基本量,将导致一个新的有量纲物理常数的出现.

$$\frac{\partial w}{\partial t}+\nabla\cdot\left[(w+p^*)\boldsymbol{v}-\frac{1}{\mu_0}(\boldsymbol{v}\cdot\boldsymbol{B})\boldsymbol{B}\right]=\rho\boldsymbol{v}\cdot\boldsymbol{g},\tag{24}$$

式中,ρ 为等离子体密度,$\boldsymbol{v}$ 为流动速度,$\boldsymbol{B}$ 为磁感应强度,$\boldsymbol{g}$ 为重力加速度,$\overleftrightarrow{\boldsymbol{I}}$ 为单位张量,p^* 为等离子体压强 p 与"磁压"$B^2/(2\mu_0)$之和,w 为总能量体密度,它们的表达式如下:

$$p^*=p+\frac{B^2}{2\mu_0},\quad w=\frac{p}{\gamma-1}+\frac{1}{2}\rho v^2+\frac{1}{2\mu_0}B^2,$$

$$p=\rho RT,\tag{25}$$

$\mu_0=4\pi\times10^{-7}\mathrm{H\cdot m^{-1}}$ 为真空磁导率,$\gamma=5/3$ 为绝热指数(不名数),$R=1.653\times10^4\mathrm{J\cdot kg^{-1}\cdot K^{-1}}$ 为质子-电子气体常数,它等于通常的摩尔气体常量除以质子质量与原子质量单位①(碳-12 原子质量的 1/12)之比(≈1.007),然后乘以 2(包括质子与电子两种成分对等离子体压强的贡献). 式(21)～(24)分别为质量方程、动量方程、磁感应方程(用到理想 MHD 条件 $\boldsymbol{E}+\boldsymbol{v}\times\boldsymbol{B}=0$)和能量方程. 不熟悉 MHD 的读者不必在意这些方程的来历,**只需注意其中出现的物理量和有量纲物理常数,后者与计算单位制的构建直接相关.**

在基本方程中出现的有量纲物理常数为真空磁导

① 于是质量有两个单位:kg 和原子质量单位 u,二者关系为:$1\mathrm{u}=1.66053886(28)\times10^{-27}\mathrm{kg}$,$1\mathrm{kg}=6.022045\times10^{26}\mathrm{u}$.

率 μ_0 和质子-电子气体常数 R，我们希望构建计算单位制，使得这两个物理常数从方程中消失. 按 SI 制，原本涉及 5 个基本量：长度、质量、时间、电流强度和温度. 现要求两个有量纲物理常数等于 1，则基本量的数目将由 5 减至 3.

在计算单位制中，一般取模拟对象的关键特征参量作为基本量. 目前我们需要模拟地球与太阳风的相互作用，有关特征参量与地球和太阳风有关. 其中，地球特征参量相对固定，而太阳风参量（包括地球轨道附近的太阳风密度，温度和速度，以及太阳风中的磁场参数）则允许在模拟过程中进行调节. 因此，我们一般选择相对固定的地球特征参量作为基本量. 首先，地球半径 $R_E = 6.37\times10^3$ km 是一个关键特征参量，相应取长度作为一个基本量，基本单位规定为 $l_0 = R_E$. 以下，我们一律使用带下标 0 的字母（符号 μ_0 例外，它特指真空磁导率）表示计算单位，其数值正好等于相应物理量的计算单位与 SI 单位之比即单位比数. 其次，地球磁场对上述相互作用起着关键作用，很自然取磁感应强度作为第二个基本量，其单位可取为地面赤道处的磁感应强度 $B_E = 3.12\times10^{-5}$ T，即 $B_0 = B_E$. 最后，地球电离层等离子体在地球－太阳风的相互作用过程中也起着关键作用，相应我们取等离子体密度作为第三个基本量，其单位选为电离层等离子体密度的特征值：$\rho_0=\rho_E=1.67\times10^{-17}$ $\mathrm{kg\cdot m^{-3}}$. 对质子-电子等离子体，该密度对应等离子体数密度（单位体积质子个数）$n_0=\rho_0/m_P=10^{10}\ \mathrm{m^{-3}}$，$m_P=1.67\times10^{-27}$ kg 为质子质量，n_0 为数密度的导出单位. 至此，三个基本量和基本单位均已选定，结果列于附表 10.

下面我们确定导出单位. 导出单位的定义方程来自 MHD 基本方程及其相关物理公式. 我们可以仿照第 4 章构建原子单位制所采用的做法，以一种系统、自洽的方式获得计算单位制下各导出单位的定义方程并从中确定导出单位. 为此，设各物理量的单位（包括基本单位和导出单位）用同一符号加上下标“0”表示，其在计算单位制下的读数用同一符号加上下标“ * ”表示. 以长度 l 为例，其计算单位为 $l_0=6.37\times10^6$ m，在计算单位制下的读数为 l_*. 此外，我们假设 l 表示长度在基准单位制即 SI 制下的读数，显然成立 $l_*=l/l_0$（读数与单位大小成反比），或 $l=l_0l_*$. 在基本方程(21)～(25)中出现的所有物理量均为 SI 制下的读数，成立

$$l=l_0l_*,\quad t=t_0t_*,\quad \rho=\rho_0\rho_*,\quad \boldsymbol{v}=v_0\boldsymbol{v}_*,$$
$$\boldsymbol{B}=B_0\boldsymbol{B}_*,\quad g=g_0g_*,\quad p=p_0p_*,\quad w=w_0w_*,$$
$$p^*=p_0p_*^*,\quad T=T_0T_*,\quad \nabla=l_0^{-1}\nabla_*. \tag{26}$$

将上式代入基本方程(21)～(25)，求得计算单位制下的基本方程：

$$\frac{\partial \rho_*}{\partial t_*}+\frac{v_0 t_0}{l_0}\nabla_*\cdot(\rho_* \boldsymbol{v}_*)=0, \tag{27}$$

$$\frac{\partial(\rho_* \boldsymbol{v}_*)}{\partial t_*}+\frac{v_0 t_0}{l_0}\nabla_*(\rho_* \boldsymbol{v}_* \boldsymbol{v}_*)+\frac{p_0 t_0}{\rho_0 v_0 l_0}\nabla_* p_*^* \\ -\frac{B_0^2 t_0}{\mu_0 \rho_0 v_0 l_0}\nabla_*\cdot(\boldsymbol{B}_* \boldsymbol{B}_*)-\frac{g_0 t_0}{v_0}\rho_* \boldsymbol{g}_*=0, \tag{28}$$

$$\frac{\partial \boldsymbol{B}_*}{\partial t_*}+\frac{v_0 t_0}{l_0}\nabla_*\cdot(\boldsymbol{v}_* \boldsymbol{B}_*-\boldsymbol{B}_* \boldsymbol{v}_*)=0, \tag{29}$$

$$\frac{\partial w_*}{\partial t_*}+\frac{v_0 t_0}{l_0}\nabla_*\cdot(w_* \boldsymbol{v}_*)+\frac{p_0 v_0 t_0}{w_0 l_0}\nabla_*\cdot(p_*^* \boldsymbol{v}_*) \\ -\frac{B_0^2 v_0 t_0}{\mu_0 w_0 l_0}\nabla_*\cdot[(\boldsymbol{v}_*\cdot\boldsymbol{B}_*)\boldsymbol{B}_*]=\frac{\rho_0 g_0 v_0 t_0}{w_0}\rho_* \boldsymbol{v}_*\cdot\boldsymbol{g}_*, \tag{30}$$

$$p_*^*=p_*+\frac{B_0^2}{\mu_0 p_0}\frac{B_*^2}{2},$$

$$w=\frac{p_0}{w_0}\frac{p_*}{\gamma-1}+\frac{\rho_0 v_0^2}{w_0}\frac{1}{2}\rho_* v_*^2+\frac{B_0^2}{\mu_0 w_0}\frac{1}{2}B_*^2,$$

$$p_*=\frac{\rho_0 R T_0}{p_0}\rho_* T_*. \tag{31}$$

在式(27)～(31)中，部分项的系数等于 1，其余各项均出现由计算单位（确切些说是计算单位在 SI 制下的读数）幂律函数构成的系数. 上述方程与删除两个有量纲物理常数（μ_0 和 R）后的原方程(21)～(25)形式一致的充分必要条件是所有这些系数等于 1，即：

$$\frac{v_0 t_0}{l_0} = 1,$$

$$\frac{v_0 t_0}{l_0} = \frac{p_0 t_0}{\rho_0 v_0 l_0} = \frac{B_0^2 t_0}{\mu_0 \rho_0 v_0 l_0} = \frac{g_0 t_0}{v_0} = 1,$$

$$\frac{v_0 t_0}{l_0} = 1,$$

$$\frac{v_0 t_0}{l_0} = \frac{p_0 v_0 t_0}{w_0 l_0} = \frac{B_0^2 v_0 t_0}{\mu_0 w_0 l_0} = \frac{\rho_0 g_0 v_0 t_0}{w_0} = 1,$$

$$\frac{B_0^2}{\mu_0 p_0} = \frac{p_0}{w_0} = \frac{\rho_0 v_0^2}{w_0} = \frac{B_0^2}{\mu_0 w_0} = \frac{\rho_0 R T_0}{p_0} = 1.$$

容易看出,**这些条件并不完全独立,但彼此自洽**. 联立求解这些条件式,可导出各导出单位与基本单位 l_0、B_0 和 ρ_0 的关系,即各导出单位的定义方程,从中确定导出单位. 例如,将 $v_0 t_0/l_0 = 1$ 或 $t_0 = l_0/v_0$ 代入 $B_0^2 t_0/(\mu_0 \rho_0 v_0 l_0) = 1$,可求得 $B_0^2/(\mu_0 \rho_0 v_0^2) = 1$(式中 B_0、ρ_0 和 μ_0 已知),从而推得等离子体速度的计算单位为

$$v_0 = B_0/\sqrt{\mu_0 \rho_0} = 6.81 \times 10^6 \,\mathrm{m \cdot s^{-1}}①.$$

在获得速度的计算单位后,由条件 $v_0 t_0/l_0 = 1$,可确定时间的计算单位为

---

① 该速度为存在磁场的导电流体(即所谓"磁流体")中一种特有波动的传播速度,这种波动由瑞典空间物理学家阿尔文于 1942 年首先做出理论预言,后为实验证实. 后人称该波动为阿尔文波,其传播速度称为阿尔文波速.

$$t_0 = l_0/v_0 = 6.37 \times 10^6/(6.81 \times 10^6) = 0.935\ \mathrm{s}.$$

由 $p_0 t_0/(\rho_0 v_0 l_0)=1$，推得压强的计算单位为

$$p_0 = \rho_0 v_0^2 = 7.75 \times 10^{-4}\ \mathrm{N \cdot m^{-2}},$$

由 $\rho_0 R T_0/p_0=1$，推得温度的计算单位为

$$T_0 = p_0/(R\rho_0) = 2.81 \times 10^9\ \mathrm{K},$$

由 $p_0/w_0=1$ 推得能量密度与压强的计算单位相同，等等. 顺便指出，如果用温度 T 取代磁感应强度作为基本量，则压强的计算单位将改由 $\rho_0 R T_0/p_0=1$ 导出，结果为 $p_0=\rho_0 R T_0$，相应速度的计算单位由 $p_0=\rho_0 v_0^2$ 导出，结果为 $v_0=\sqrt{p_0/\rho_0}=\sqrt{RT_0}$，称为等温声速. 从选择温度作为基本量出发构建计算单位制的方案也是可行的，但将会导致完全不同的计算单位制，在 MHD 数值模拟计算中也常予采用. 这种取法从物理上强调温度的作用，例如太阳表面温度对加热和加速太阳风方面所起的重要作用，对此不作讨论.

在 MHD 数值模拟计算中常常需要计算其他一些物理量，例如总质量、电流密度、电场强度、电势、磁通量、能流密度、功率等，这些物理量不曾出现在基本方程(21)～(25)之中，但在对计算结果的事后物理诊断方面起着重要作用. 为确定它们的计算单位，只需将 SI 制下的相关物理公式补充进去，然后采取类似做法去确定它们的计算单位. 以质量为例，相关物理公式为 $M=\rho l^3$. 引入待

求质量单位 m_0 后，将其化为 $M_* = (\rho_0 l_0^3/m_0)\rho_* l_*^3$，然后令系数 $\rho_0 l_0^3/m_0 = 1$，即求得质量的计算单位为 $m_0 = \rho_0 l_0^3 = 4.32\times10^3 kg$. 又如电流密度，相关物理公式为安培定律 $\boldsymbol{j} = \nabla\times\boldsymbol{B}/\mu_0$. 引入待求电流密度单位 j_0 之后，将其化为 $\boldsymbol{j}_* = [B_0/(\mu_0 l_0 j_0)]\nabla_*\times\boldsymbol{B}_*$，然后令系数 $B_0/(\mu_0 l_0 j_0) = 1$，即求得电流密度的计算单位为 $j_0 = B_0/(\mu_0 l_0) = 3.90\times10^{-6}\ \mathrm{A\cdot m^{-2}}$. 电场强度的单位来自对流电场公式 $\boldsymbol{E} = -\boldsymbol{v}\times\boldsymbol{B}$. 该式右边出现负号和叉乘符号，这些对电场强度计算单位的确定均无影响. 按这一公式，电场强度的计算单位被确定为

$$E_0 = v_0 B_0 = 2.12\times10^2\ \mathrm{V\cdot m^{-1}}.$$

等离子体压强 $\boldsymbol{p}$ 的单位来自磁压公式 $\boldsymbol{p}_m = \boldsymbol{B}^2/(2\mu_0)$，$\boldsymbol{p}$ 和 $\boldsymbol{p}_m$ 量纲相同，共享同一个计算单位. 舍去公式右边的无量纲因子 1/2(应予舍去，参见 3.4 节例 18)，求得压强的计算单位为 $\boldsymbol{p}_0 = \boldsymbol{B}_0^2/\mu_0 = 7.75\times10^{-4}\ \mathrm{N\cdot m^{-2}}$. 顺便指出，我们也可以从运动等离子体的动压公式 $p_d = \rho v^2$ 出发导出压强的计算单位，结果为 $p_0 = \rho_0 v_0^2 = B_0^2/\mu_0$，与由磁压公式得到的结果一致. 其余物理量的计算单位可由上述物理量的计算单位逐一导出；为节省篇幅，不作赘述. 部分常见物理量的定义方程和计算单位列于附表 11，供读者参考.

顺便指出，对于 MHD 问题，电荷密度一般设为零

（等离子体电中性假设），电场按欧姆定律或对流电场公式计算，电流则由安培定律（忽略位移电流）计算，方程中不会出现真空介电常量 ε_0. 因此，**在构建 MHD 计算单位制时，一般不必理会这一有量纲常数**. 如果真的遇到含 ε_0 的公式而不得不加以理会，可通过相关物理公式对 ε_0 进行读数转换. 以下将 SI 制下的真空介电常量的读数 $\varepsilon_0=1/(36\pi\times10^9)$ 转换至计算单位制下的读数 ε_{0*}. 有多种途径实施这一转换；不同途径导致同样结果. 例如，可按 2.5 节例 5 的做法，通过真空中点电荷相互作用的库仑定律 $F=q^2/(4\pi\varepsilon_0 r^2)$ 求得介电常量的单位比数 $\alpha_\varepsilon=\alpha_q^2\alpha_F^{-1}\alpha_l^{-2}$（这里的单位比数定义为计算单位与 SI 单位之比，因子 4π 不影响单位比数关系）；由附表 11 末列给出的单位比数 $\alpha_q=1.48\times10^8$、$\alpha_F=3.14\times10^{10}$ 和 $\alpha_l=6.37\times10^6$ 算得 $\alpha_\varepsilon=1.72\times10^{-8}$，从而实现 SI 制下真空介电常量的读数向计算单位制下读数的转换：

$$\begin{aligned}\varepsilon_{0*}&=\varepsilon_0/\alpha_\varepsilon=1./(36\pi\times10^9\times1.72\times10^{-8})\\&=5.15\times10^{-4}.\end{aligned}$$

另一种方案是将真空介电常量视为通常的物理量，照样引入它的计算单位 ε_{00} 和在计算单位制下的读数 $\varepsilon_{0*}=\varepsilon_0/\varepsilon_{00}$，按推导式(27)～(31)同样的做法，将库仑定律写成如下形式：

$$F_*=\frac{q_0^2}{\varepsilon_{00}F_0 l_0^2}\frac{q_*^2}{4\pi\varepsilon_{0*}r_*^2}.$$

为使得上述库仑定律与 SI 制下的库仑定律形式一致，必须令上式右边出现的比例系数等于 1，即 $q_0^2/(\varepsilon_{C0}F_0 l_0^2)=1$；于是由已经求得的计算单位 q_0、F_0 和 l_0 推得真空介电常量的计算单位为 $\varepsilon_{00}=q_0^2/F_0 l_0^2=1.72\times10^{-8}$ F/m，从而最终求得真空介电常量在计算单位制下的读数为 $\varepsilon_{0*}=\varepsilon_0/\varepsilon_{00}=1/(36\pi\times10^9\times1.72\times10^{-8})=5.15\times10^{-4}$. 这种处理方式的优点在于：待转换读数的有量纲物理常数的计算单位，可与通常物理量的计算单位按同样的方式一道进行处理. 还存在其他方案：从别的 SI 制下的电磁学公式例如真空光速公式 $c=1/\sqrt{\varepsilon_0\mu_0}$ 出发，写出它在计算单位制下的表达式（令计算单位制下的真空磁导率 $\mu_{0*}=1$）$c_*=1/\sqrt{\varepsilon_{0*}}$，式中 $c_*=c/v_0$，$c=3\times10^8\ \mathrm{m\cdot s^{-1}}$，$v_0=6.81\times10^6\ \mathrm{m\cdot s^{-1}}$；于是求得

$$
\begin{aligned}
\varepsilon_{0*}&=1/c_*^2=(v_0/c)^2\\
&=(6.81\times10^6/3\times10^8)^2\\
&=5.15\times10^{-4}.
\end{aligned}
$$

以上三种方案得到同样结果.

针对地球与太阳风相互作用问题，附表 10 和附表 11 列出的计算单位实用，物理量的读数大小适中，符合我们构建计算单位制的预期目标. 数值计算的结果，可根据需要转换成 SI 制下的读数，也可维持原状. 例如，维持地球半径作为长度单位，对计算结果的物理分析更

为直观，用不着转换成 SI 制下的长度单位 m 或 km. 这些长度单位偏小，一般不大适合描述地球和天体物理现象的空间尺度. 与此相反，SI 长度单位在微观领域内偏大，启用玻尔半径一类尺度参数作为长度单位更为合理.

一些计算程序中常选择高斯制作为基准单位制，在此基础之上构建计算单位制. 这样做的优点是便于处理等离子体中的输运过程，例如粒子碰撞、黏滞、扩散、热传导、电阻耗散等，因为描述这些过程的相关公式常在高斯制下写出. 如果采用高斯制作为基准单位制，则这些公式中出现的输运系数，如碰撞频率、黏滞系数、扩散系数、热传导系数、电阻率等在高斯制下的现成数值，可不加修改地直接输入计算程序，然后由程序自动按它们各自的计算单位转换至计算单位制下的读数，十分方便. 如果将基准单位制换成 SI 制，则必须事先将描述输运过程的公式转换至 SI 制，并将相关输运系数的读数转换至 SI 制下的读数；这一任务不难完成，参见 2.5 节例 7. 如果模拟程序以及其中的计算单位制由使用者本人设计，以 SI 制作为基准单位制的做法应予提倡. 问题在于，如果想使用别人编制的模拟程序，使用者就必须首先学会识别和掌握程序中使用的计算单位制和所依托的基准单位制，以便正确使用和修改程序，以及正确理解和诊断模拟计算结果.一些现成的模拟程序常以高斯制作为构建计算单位制的基准单位制,使用者应注意识别.以高斯制作为基准单位制构建计算单位制的步骤,与前面以 SI 制作为基准单位制构建计算单位制的步骤完全相同,只是一切分析计算应在高斯制下进行,包括使用高斯制下的公式、单位和有量纲常数,给出计算单位在高斯制下的读数,即计算单位与高斯单位之比.此项任务留给感兴趣的读者,不再作展开叙述.

本节介绍的构建计算单位制的方法普遍实用.在构建原子单位制(参见第 4 章)时就曾部分地使用过这种方法;对于第 3 章介绍的自然单位制,原则上也可以采用这种方法予以构建.该方法的核心是将基准单位制下的基本方程和物理公式转换至待构建的新单位制;对本节介绍的计算单位制来说,即通过替换关系式(26)将基准单位制下的基本方程(21)～(25)转换为计算单位制下的基本方程(27)～(31).这一转换过程与流体力学中对基本方程和定解条件的"无量纲化"操作类似①,只是物理含义和最终目标不同.在流体力学中,上述带下标"0"的符号表示系统的特征参数,可结合系统的具体情况随意标定;在构建新单位制过程中,同样的符号表示

① 吴望一.流体力学[M].北京:北京大学出版社,1983.

新单位制下的单位，其中能随意标定的单位限于基本单位，其余单位系由给定的基本单位导出. 在流体力学中，无量纲化后的方程中出现的系数为由系统特征参数构成的无量纲量，对应所谓“相似参数”，它们决定了系统的基本性质. 在构建新单位制的过程中，则一律令这些系数等于1，在此基础之上由给定的基本单位获得各物理量和有量纲物理常数(被令为1的有量纲物理常数除外)的导出单位.

第 6 章　结　语

本书的主要目的在于介绍电磁学单位制的转换和构建. 我们着重分析了国际(SI)制和书刊文献上常用的静电制、电磁制和高斯制之间的单位换算和公式转换方法,并以量子力学和粒子物理领域常用的自然单位制、原子和分子物理领域常用的原子单位制和数值模拟计算中使用的计算单位制为例,介绍特殊单位制的构建方法. 以下将部分要点归纳如下:

6.1　静电制、电磁制和高斯制之间的相互转换

由于这三种单位制具有同样的基本量和基本单位,各导出单位的单位比数为 c 的整数幂次,故这些单位制之间的单位换算和公式转换极为简单. 常见电磁学量的单位比数列于附表 2 和附表 3. 对于未曾列出单位比数的电磁学量,可从附表 2 和附表 3 给出的已知单位比数出发,按 2.4 节例 1～例 2 的做法(基本方法)计算待定

电磁学量的单位比数.由附表 5 给出的替换格式,可以回避使用单位比数,实现静电制、电磁制和高斯制间电磁学公式的直接相互转换(参见 2.4 节例 3～例 4),以及高斯制和修正高斯制之间含电感公式的直接相互转换(参见 2.4 节).

6.2 高斯制和 SI 制之间的相互转换

常见电磁学量的单位比数列于附表 6.对于未曾列出单位比数的电磁学量,可从附表 6 给出的已知单位比数出发,按 2.5 节例 5～例 6 的做法(基本方法)计算待定电磁学量的单位比数.如果所选择的定义方程在两种单位制下形式相同,则可以简单地删除方程中可能出现的无量纲比例系数,直接将定义方程改为单位比数等式,求得未知单位比数.在已知公式中相关物理量的单位比数的情况下,可按 2.5 节例 8～例 10 的做法(基本方法),实行公式转换.按附表 8 提供的替换格式,可以回避使用单位比数,实施高斯制和 SI 制间电磁学公式的直接相互转换.这样的替换格式表唯一存在于任何两种单位制之间,可仿照 2.7 节介绍的方法自行构建.

6.3 新单位制的构建

以SI制或高斯制作为基准单位制，在此基础上构建新的单位制.在新单位制中，每令一个基准单位制下的有量纲物理常数等于无量纲常数1，基本量的数目将减少一个.新单位制下的所有物理公式来自基准单位制，只需删除原公式中可能出现的被取为1的有量纲物理常数，并将其他有量纲物理常数在基准单位制下的读数转换至新单位制，转换步骤参见2.5节例7，以及第4章和第5章中的相关介绍.

通常将新单位制下的基本量选为研究对象的关键物理量，基本单位选为该物理量的特征值.当新单位制只有一个基本量(例如自然单位制)时，各导出量的单位可分别由基准单位制下的相关公式(作为导出单位的定义方程)直接算出.所选择的定义方程允许包含令为1的有量纲物理常数，但不允许出现其他待转换读数的有量纲物理常数，且需删除方程中可能出现的无量纲比例系数.此外，凡令为1的有量纲物理常数，至少要在某个定义方程中出现一次.

当新单位制有两个或更多的基本量，且所选择的基本量与基准单位制的基本量的物理性质不完全相同(例如原子单位制和计算单位制)时,部分导出单位无法通过单个定义方程获得.对于这种情况,可按第 5 章的做法,以一种系统、自洽的方式确定新单位制下的基本方程、物理公式和导出单位,以及实现相关有量纲物理常数的读数转换.该方法普遍实用,在构建原子单位制(参见第 4 章)时就曾经部分使用这种方法,在构建计算单位制(参见第 5 章)时则全部使用这一方法.

附　　表

附表 1　SI 制和高斯制主要力学量和电磁学量的量纲

物理量	SI 制量纲	高斯制量纲
长度 l	L	L
质量 m	M	M
时间 t	T	T
物质密度 d	$\mathrm{MT^{-3}}$	$\mathrm{MT^{-3}}$
频率 ν	$\mathrm{T^{-1}}$	$\mathrm{T^{-1}}$
速度 v	$\mathrm{LT^{-1}}$	$\mathrm{LT^{-1}}$
加速度 a	$\mathrm{LT^{-2}}$	$\mathrm{LT^{-2}}$
动量 p'	$\mathrm{LMT^{-1}}$	$\mathrm{LMT^{-1}}$
角动量 L'	$\mathrm{L^2MT^{-1}}$	$\mathrm{L^2MT^{-1}}$
能量(功)W	$\mathrm{L^2MT^{-2}}$	$\mathrm{L^2MT^{-2}}$
力 F	$\mathrm{LMT^{-2}}$	$\mathrm{LMT^{-2}}$
功率 P'	$\mathrm{L^2MT^{-3}}$	$\mathrm{L^2MT^{-3}}$
能流密度 S	$\mathrm{MT^{-3}}$	$\mathrm{MT^{-3}}$
电量 q	TI	$\mathrm{L^{3/2}M^{1/2}T^{-1}}$
电荷密度ρ	$\mathrm{L^{-3}TI}$	$\mathrm{L^{-3/2}M^{1/2}T^{-1}}$

续表

物理量	SI 制量纲	高斯制量纲
电流强度 I	I	$\mathrm{L^{3/2}M^{1/2}T^{-2}}$
电流密度 j	$\mathrm{L^{-2}I}$	$\mathrm{L^{-1/2}M^{1/2}T^{-2}}$
电势 U,电动势 $\mathscr{E}$	$\mathrm{L^{2}MT^{-3}I^{-1}}$	$\mathrm{L^{1/2}M^{1/2}T^{-1}}$
电场强度 $\boldsymbol{E}$	$\mathrm{LMT^{-3}I^{-1}}$	$\mathrm{L^{-1/2}M^{1/2}T^{-1}}$
电通量 Φ_E	$\mathrm{L^{3}MT^{-3}I^{-1}}$	$\mathrm{L^{3/2}M^{1/2}T^{-1}}$
极化强度 $\boldsymbol{P}$	$\mathrm{L^{-2}TI}$	$\mathrm{L^{-1/2}M^{1/2}T^{-1}}$
电位移矢量 $\boldsymbol{D}$	$\mathrm{L^{-2}TI}$	$\mathrm{L^{-1/2}M^{1/2}T^{-1}}$
电导率 σ	$\mathrm{L^{-3}M^{-1}T^{3}I^{2}}$	$\mathrm{T^{-1}}$
电阻 R	$\mathrm{L^{2}MT^{-3}I^{-2}}$	$\mathrm{L^{-1}T}$
电容 C	$\mathrm{L^{-2}M^{-1}T^{4}I^{2}}$	L
电感 L	$\mathrm{L^{2}MT^{-2}I^{-2}}$	$\mathrm{L^{-1}T^{2}}$
磁感应强度 $\boldsymbol{B}$	$\mathrm{MT^{-2}I^{-1}}$	$\mathrm{L^{-1/2}M^{1/2}T^{-1}}$
磁化强度 $\boldsymbol{M}$	$\mathrm{L^{-1}I}$	$\mathrm{L^{-1/2}M^{1/2}T^{-1}}$
磁极化强度 $\boldsymbol{J}$	$\mathrm{MT^{-2}I^{-1}}$	$\mathrm{L^{-1/2}M^{1/2}T^{-1}}$
磁场强度 $\boldsymbol{H}$	$\mathrm{L^{-1}I}$	$\mathrm{L^{-1/2}M^{1/2}T^{-1}}$
磁通量 Φ	$\mathrm{L^{2}MT^{-2}I^{-1}}$	$\mathrm{L^{3/2}M^{1/2}T^{-1}}$
磁矩 $\boldsymbol{m}$	$\mathrm{L^{2}I}$	$\mathrm{L^{5/2}M^{1/2}T^{-1}}$
磁荷 q_m	$\mathrm{L^{2}MT^{-2}I^{-1}}$	$\mathrm{L^{3/2}M^{1/2}T^{-1}}$
电偶极矩 $\boldsymbol{p}$	LTI	$\mathrm{L^{5/2}M^{1/2}T^{-1}}$
磁偶极矩 $\boldsymbol{p}_m$	$\mathrm{L^{3}MT^{-2}I^{-1}}$	$\mathrm{L^{5/2}M^{1/2}T^{-1}}$
真空介电常量 ε_0	$\mathrm{L^{-3}M^{-1}T^{4}I^{2}}$	$=1$
真空磁导率 μ_0	$\mathrm{LMT^{-2}I^{-2}}$	$=1$

注:高斯制中的电感取静电单位.

附表 2　静电制主要电磁学量的定义方程、量纲和单位比数

	物理量	定义方程	量纲	esu/G	esu/emu
基本量	长度 l	基本单位	L	1	1
	质量 m	基本单位	M	1	1
	时间 t	基本单位	T	1	1
电学量	电量 q	$F=q^2/r^2$	$L^{3/2}M^{1/2}T^{-1}$	1	c^{-1}
	电荷密度 ρ	$\rho=q/V$	$L^{-3/2}M^{1/2}T^{-1}$	1	c^{-1}
	面电荷密度 σ_e	$\sigma_e=q/S$	$L^{-1/2}M^{1/2}T^{-1}$	1	c^{-1}
	电流强度 I	$I=q/t$	$L^{3/2}M^{1/2}T^{-2}$	1	c^{-1}
	电流密度 j	$j=I/S$	$L^{-1/2}M^{1/2}T^{-2}$	1	c^{-1}
	电场强度 $\boldsymbol{E}$	$\boldsymbol{E}=\boldsymbol{F}/q$	$L^{-1/2}M^{1/2}T^{-1}$	1	c
	电通量 Φ_E	$\Phi_E=\boldsymbol{ES}$	$L^{3/2}M^{1/2}T^{-1}$	1	c
	电势 U,电动势	$\nabla U=-\boldsymbol{E}$	$L^{1/2}M^{1/2}T^{-1}$	1	c
	电偶极矩 $\boldsymbol{p}$	$\boldsymbol{p}=q\boldsymbol{l}$	$L^{5/2}M^{1/2}T^{-1}$	1	c^{-1}
	极化强度 $\boldsymbol{P}$	$\boldsymbol{P}=\boldsymbol{p}/V$	$L^{-1/2}M^{1/2}T^{-1}$	1	c^{-1}
	电位移矢量 $\boldsymbol{D}$	$\boldsymbol{D}=\boldsymbol{E}+4\pi\boldsymbol{P}$	$L^{-1/2}M^{1/2}T^{-1}$	1	c^{-1}
	电导率 σ	$\sigma=j/E$	T^{-1}	1	c^{-2}
	电阻率 η	$\eta=1/\sigma$	T	1	c^2
	电阻 R	$R=U/I$	$L^{-1}T$	1	c^2
	电容 C	$C=q/U$	L	1	c^{-2}

续表

	物理量	定义方程	量纲	esu/G	esu/emu
磁学量	磁感应强度 $\boldsymbol{B}$	$B=F/(Il)$	$L^{-3/2}M^{1/2}$	c	c
	磁矢势 $\boldsymbol{A}$	$\nabla\times\boldsymbol{A}=\boldsymbol{B}$	$L^{-1/2}M^{1/2}$	c	c
	磁通量 Φ	$\Phi=\boldsymbol{BS}$	$L^{1/2}M^{1/2}$	c	c
	磁矩 $\boldsymbol{m}$	$\boldsymbol{m}=I\boldsymbol{S}$	$L^{7/2}M^{1/2}T^{-2}$	c^{-1}	c^{-1}
	磁化强度 $\boldsymbol{M}$	$\boldsymbol{M}=\boldsymbol{m}/V$	$L^{1/2}M^{1/2}T^{-2}$	c^{-1}	c^{-1}
	磁场强度 $\boldsymbol{H}$	$\boldsymbol{H}=c^2\boldsymbol{B}-4\pi\boldsymbol{M}$	$L^{1/2}M^{1/2}T^{-2}$	c^{-1}	c^{-1}
	磁标势 U_m	$\nabla U_m=-\boldsymbol{H}$	$L^{3/2}M^{1/2}T^{-2}$	c^{-1}	c^{-1}
	磁动势 $\mathscr{E}_m$	$\mathscr{E}_m=Hl$	$L^{3/2}M^{1/2}T^{-2}$	c^{-1}	c^{-1}
	磁阻 R_m	$R_m=\mathscr{E}_m/\Phi$	LT^{-2}	c^{-2}	c^{-2}
	磁荷 q_m	$q_m=F/H$	$L^{1/2}M^{1/2}$	c	c
	磁荷密度 ρ_m	$\rho_m=q_m/V$	$L^{-5/2}M^{1/2}$	c	c
	面磁荷密度 σ_m	$\sigma_m=q_m/S$	$L^{-3/2}M^{1/2}$	c	c
	磁偶极矩 $\boldsymbol{p}_m$	$\boldsymbol{p}_m=q_m l$	$L^{3/2}M^{1/2}$	c	c
	磁极化强度 $\boldsymbol{J}$	$\boldsymbol{J}=\boldsymbol{p}_m/V$	$L^{-3/2}M^{1/2}$	c	c
电磁学量	电感 L	$L=\Phi/I$	$L^{-1}T^2$	1	c^2

注:1. 高斯制中的电感取静电单位.

2. “esu”、“emu”和“G”分别表示静电单位、电磁单位和高斯单位.

附表3　电磁制主要电磁学量的定义方程、量纲和单位比数

	物理量	定义方程	量纲	emu/G	emu/esu
基本量	长度 l	基本单位	L	1	1
	质量 m	基本单位	M	1	1
	时间 t	基本单位	T	1	1
电学量	电流强度 I	$\boldsymbol{F}=I_1 I_2 \mathrm{d}\boldsymbol{l}_2\times(\mathrm{d}\boldsymbol{l}_1\times\boldsymbol{r}_{12})/r_{12}^3$	$\mathrm{L}^{1/2}\mathrm{M}^{1/2}\mathrm{T}^{-1}$	c	c
	电流密度 j	$j=I/S$	$\mathrm{L}^{-3/2}\mathrm{M}^{1/2}\mathrm{T}^{-1}$	c	c
	电量 q	$q=It$	$\mathrm{L}^{1/2}\mathrm{M}^{1/2}$	c	c
	电荷密度 ρ	$\rho=q/V$	$\mathrm{L}^{-5/2}\mathrm{M}^{1/2}$	c	c
	面电荷密度 σ_e	$\sigma_e=q/S$	$\mathrm{L}^{-3/2}\mathrm{M}^{1/2}$	c	c
	电偶极矩 $\boldsymbol{p}$	$\boldsymbol{p}=q\boldsymbol{l}$	$\mathrm{L}^{3/2}\mathrm{M}^{1/2}$	c	c
	极化强度 $\boldsymbol{P}$	$\boldsymbol{P}=\boldsymbol{p}/V$	$\mathrm{L}^{-3/2}\mathrm{M}^{1/2}$	c	c
	电场强度 $\boldsymbol{E}$	$\boldsymbol{E}=\boldsymbol{F}/q$	$\mathrm{L}^{1/2}\mathrm{M}^{1/2}\mathrm{T}^{-2}$	c^{-1}	c^{-1}
	电位移矢量 $\boldsymbol{D}$	$\boldsymbol{D}=c^{-2}\boldsymbol{E}+4\pi\boldsymbol{P}$	$\mathrm{L}^{-3/2}\mathrm{M}^{1/2}$	c	c
	电通量 Φ_E	$\Phi_E=\boldsymbol{ES}$	$\mathrm{L}^{5/2}\mathrm{M}^{1/2}\mathrm{T}^{-2}$	c^{-1}	c^{-1}
	电势 U，电动势 $\mathscr{E}$	$\nabla U=-\boldsymbol{E}$	$\mathrm{L}^{3/2}\mathrm{M}^{1/2}\mathrm{T}^{-2}$	c^{-1}	c^{-1}
	电导率 σ	$\sigma=j/E$	$\mathrm{L}^{-2}\mathrm{T}$	c^2	c^2
	电阻率 η	$\eta=1/\sigma$	$\mathrm{L}^2\mathrm{T}^{-1}$	c^{-2}	c^{-2}
	电阻 R	$R=U/I$	LT^{-1}	c^{-2}	c^{-2}
	电容 C	$C=q/U$	$\mathrm{L}^{-1}\mathrm{T}^2$	c^2	c^2

续表

	物理量	定义方程	量纲	emu/G	emu/esu
磁学量	磁感应强度 $\boldsymbol{B}$	$\boldsymbol{B}=\boldsymbol{F}/(Il)$	$L^{-1/2}M^{1/2}T^{-1}$	1	c^{-1}
	磁通量 Φ	$\Phi=BS$	$L^{3/2}M^{1/2}T^{-1}$	1	c^{-1}
	磁矢势 $\boldsymbol{A}$	$\nabla\times\boldsymbol{A}=\boldsymbol{B}$	$L^{1/2}M^{1/2}T^{-1}$	1	c^{-1}
	磁矩 $\boldsymbol{m}$	$\boldsymbol{m}=I\boldsymbol{S}$	$L^{5/2}M^{1/2}T^{-1}$	1	c
	磁化强度 $\boldsymbol{M}$	$\boldsymbol{M}=\boldsymbol{m}/V$	$L^{-1/2}M^{1/2}T^{-1}$	1	c
	磁场强度 $\boldsymbol{H}$	$\boldsymbol{H}=\boldsymbol{B}-4\pi\boldsymbol{M}$	$L^{-1/2}M^{1/2}T^{-1}$	1	c
	磁标势 U_m	$\nabla U_m=-\boldsymbol{H}$	$L^{1/2}M^{1/2}T^{-1}$	1	c
	磁动势 $\mathscr{E}_m$	$\mathscr{E}_m=Hl$	$L^{1/2}M^{1/2}T^{-1}$	1	c
	磁阻 R_m	$R_m=\mathscr{E}_m/\Phi$	L^{-1}	1	c^2
	磁荷 q_m	$q_m=F/H$	$L^{3/2}M^{1/2}T^{-1}$	1	c^{-1}
	磁荷密度 ρ_m	$\rho_m=q_m/V$	$L^{-3/2}M^{1/2}T^{-1}$	1	c^{-1}
	面磁荷密度 σ_m	$\sigma_m=q_m/S$	$L^{-1/2}M^{1/2}T^{-1}$	1	c^{-1}
	磁偶极矩 $\boldsymbol{p}_m$	$\boldsymbol{p}_m=q_m\boldsymbol{l}$	$L^{5/2}M^{1/2}T^{-1}$	1	c^{-1}
	磁极化强度 $\boldsymbol{J}$	$\boldsymbol{J}=\boldsymbol{p}_m/V$	$L^{-1/2}M^{1/2}T^{-1}$	1	c^{-1}
电磁学量	电感 L	$L=\Phi/I$	L	c^{-2}	c^{-2}

注:1. 高斯制中的电感取静电单位.

2. “esu”、“emu”和“G”分别表示静电单位和高斯单位.

附表 4　静电制、电磁制和高斯制下的电磁学方程式

方程	静电制	电磁制	高斯制
实验定律	$\boldsymbol{F}=\frac{q_1 q_2}{r_{12}^3}\boldsymbol{r}_{12}$	$\boldsymbol{F}=\frac{c^2 q_1 q_2}{r_{12}^3}\boldsymbol{r}_{12}$	$\boldsymbol{F}=\frac{q_1 q_2}{r_{12}^3}\boldsymbol{r}_{12}$
	$\boldsymbol{F}=\frac{c^2 q_{m1} q_{m2}}{r_{12}^3}\boldsymbol{r}_{12}$	$\boldsymbol{F}=\frac{q_{m1} q_{m2}}{r_{12}^3}\boldsymbol{r}_{12}$	$\boldsymbol{F}=\frac{q_{m1} q_{m2}}{r_{12}^3}\boldsymbol{r}_{12}$
	$\boldsymbol{F}=\frac{I_1 I_2 \mathrm{d}\boldsymbol{l}_2\times(\mathrm{d}\boldsymbol{l}_1\times\boldsymbol{r}_{12})}{c^2 r_{12}^3}$	$\boldsymbol{F}=\frac{I_1 I_2 \mathrm{d}\boldsymbol{l}_2\times(\mathrm{d}\boldsymbol{l}_1\times\boldsymbol{r}_{12})}{r_{12}^3}$	$\boldsymbol{F}=\frac{I_1 I_2 \mathrm{d}\boldsymbol{l}_2\times(\mathrm{d}\boldsymbol{l}_1\times\boldsymbol{r}_{12})}{c^2 r_{12}^3}$
	$\mathrm{d}\boldsymbol{B}=\frac{I\mathrm{d}\boldsymbol{l}\times\boldsymbol{r}}{c^2 r^3}$	$\mathrm{d}\boldsymbol{B}=\frac{I\mathrm{d}\boldsymbol{l}\times\boldsymbol{r}}{r^3}$	$\mathrm{d}\boldsymbol{B}=\frac{I\mathrm{d}\boldsymbol{l}\times\boldsymbol{r}}{c r^3}$
	$\mathscr{E}=-\mathrm{d}\Phi/\mathrm{d}t$	$\mathscr{E}=-\mathrm{d}\Phi/\mathrm{d}t$	$\mathscr{E}=-(1/c)\mathrm{d}\Phi/\mathrm{d}t$
电场强度定义	$\boldsymbol{E}=\boldsymbol{F}/q$	$\boldsymbol{E}=\boldsymbol{F}/q$	$\boldsymbol{E}=\boldsymbol{F}/q$
磁场强度定义	$\boldsymbol{H}=\boldsymbol{F}/q_m$	$\boldsymbol{H}=\boldsymbol{F}/q_m$	$\boldsymbol{H}=\boldsymbol{F}/q_m$
自感定义	$\Phi=LI$	$\Phi=LI$	$\Phi=cLI$
自感电动势定义	$\mathscr{E}=-L\mathrm{d}I/\mathrm{d}t$	$\mathscr{E}=-L\mathrm{d}I/\mathrm{d}t$	$\mathscr{E}=-L\mathrm{d}I/\mathrm{d}t$
电容定义	$C=q/U$	$C=q/U$	$C=q/U$
电偶极矩定义	$\boldsymbol{p}=q\boldsymbol{l}$	$\boldsymbol{p}=q\boldsymbol{l}$	$\boldsymbol{p}=q\boldsymbol{l}$

续表

方程	静电制	电磁制	高斯制
磁偶极矩定义	$\boldsymbol{p}_m=q_m\boldsymbol{l}$	$\boldsymbol{p}_m=q_m\boldsymbol{l}$	$\boldsymbol{p}_m=q_m\boldsymbol{l}$
电流环磁矩定义	$\boldsymbol{m}=I\boldsymbol{S}$	$\boldsymbol{m}=I\boldsymbol{S}$	$\boldsymbol{m}=I\boldsymbol{S}/c$
极化强度定义	$\boldsymbol{P}=\sum\boldsymbol{p}/\Delta V$	$\boldsymbol{P}=\sum\boldsymbol{p}/\Delta V$	$\boldsymbol{P}=\sum\boldsymbol{p}/\Delta V$
磁化强度定义	$\boldsymbol{M}=\sum\boldsymbol{m}/\Delta V$	$\boldsymbol{M}=\sum\boldsymbol{m}/\Delta V$	$\boldsymbol{M}=\sum\boldsymbol{m}/\Delta V$
磁极化强度定义	$\boldsymbol{J}=\sum\boldsymbol{p}_m/\Delta V$	$\boldsymbol{J}=\sum\boldsymbol{p}_m/\Delta V$	$\boldsymbol{J}=\sum\boldsymbol{p}_m/\Delta V$
束缚场源	$\rho'=-\nabla\cdot\boldsymbol{P}$	$\rho'=-\nabla\cdot\boldsymbol{P}$	$\rho'=-\nabla\cdot\boldsymbol{P}$
	$\boldsymbol{j}'=\nabla\times\boldsymbol{M}+\partial\boldsymbol{P}/\partial t$	$\boldsymbol{j}'=\nabla\times\boldsymbol{M}+\partial\boldsymbol{P}/\partial t$	$\boldsymbol{j}'=c\,\nabla\times\boldsymbol{M}+\partial\boldsymbol{P}/\partial t$
电阻	$R=\eta l/S$	$R=\eta l/S$	$R=\eta l/S$
磁阻	$R_m=c^2l/(\mu_r S)$	$R_m=l/(\mu_r S)$	$R_m=l/(\mu_r S)$
平板电容器电容	$C=\varepsilon_r S/(4\pi d)$	$C=\varepsilon_r S/(4\pi dc^2)$	$C=\varepsilon_r S/(4\pi d)$
螺线管自感	$L=4\pi n^2V/c^2$	$L=4\pi n^2V$	$L=4\pi n^2V/c^2$
两线圈互感	$M=c^{-2}\oint\oint \mathrm{d}\boldsymbol{l}_1\cdot\mathrm{d}\boldsymbol{l}_2/r_{12}$	$M=\oint\oint \mathrm{d}\boldsymbol{l}_1\cdot\mathrm{d}\boldsymbol{l}_2/r_{12}$	$M=c^{-2}\oint\oint \mathrm{d}\boldsymbol{l}_1\cdot\mathrm{d}\boldsymbol{l}_2/r_{12}$

续表

方程	静电制	电磁制	高斯制
电偶极子:场	$\boldsymbol{E}=-\nabla\left(\frac{\boldsymbol{p}\cdot\boldsymbol{r}}{r^3}\right)$	$\boldsymbol{E}=-c^2\nabla\left(\frac{\boldsymbol{p}\cdot\boldsymbol{r}}{r^3}\right)$	$\boldsymbol{E}=-\nabla\left(\frac{\boldsymbol{p}\cdot\boldsymbol{r}}{r^3}\right)$
力	$\boldsymbol{F}=(\boldsymbol{p}\cdot\nabla)\boldsymbol{E}$	$\boldsymbol{F}=(\boldsymbol{p}\cdot\nabla)\boldsymbol{E}$	$\boldsymbol{F}=(\boldsymbol{p}\cdot\nabla)\boldsymbol{E}$
力矩	$\boldsymbol{L}=\boldsymbol{p}\times\boldsymbol{E}$	$\boldsymbol{L}=\boldsymbol{p}\times\boldsymbol{E}$	$\boldsymbol{L}=\boldsymbol{p}\times\boldsymbol{E}$
能量	$W=-\boldsymbol{p}\cdot\boldsymbol{E}$	$W=-\boldsymbol{p}\cdot\boldsymbol{E}$	$W=-\boldsymbol{p}\cdot\boldsymbol{E}$
磁偶极子:场	$\boldsymbol{B}=-\frac{1}{c^2}\nabla\left(\frac{\boldsymbol{m}\cdot\boldsymbol{r}}{r^3}\right)$	$\boldsymbol{B}=-\nabla\left(\frac{\boldsymbol{m}\cdot\boldsymbol{r}}{r^3}\right)$	$\boldsymbol{B}=-\nabla\left(\frac{\boldsymbol{m}\cdot\boldsymbol{r}}{r^3}\right)$
力	$\boldsymbol{F}=(\boldsymbol{m}\cdot\nabla)\boldsymbol{B}=(\boldsymbol{p}_m\cdot\nabla)\boldsymbol{H}$	$\boldsymbol{F}=(\boldsymbol{m}\cdot\nabla)\boldsymbol{B}=(\boldsymbol{p}_m\cdot\nabla)\boldsymbol{H}$	$\boldsymbol{F}=(\boldsymbol{m}\cdot\nabla)\boldsymbol{B}=(\boldsymbol{p}_m\cdot\nabla)\boldsymbol{H}$
力矩	$\boldsymbol{L}=\boldsymbol{m}\times\boldsymbol{B}=\boldsymbol{p}_m\times\boldsymbol{H}$	$\boldsymbol{L}=\boldsymbol{m}\times\boldsymbol{B}=\boldsymbol{p}_m\times\boldsymbol{H}$	$\boldsymbol{L}=\boldsymbol{m}\times\boldsymbol{B}=\boldsymbol{p}_m\times\boldsymbol{H}$
能量	$W=\boldsymbol{m}\cdot\boldsymbol{B}=\boldsymbol{p}_m\cdot\boldsymbol{H}$	$W=\boldsymbol{m}\cdot\boldsymbol{B}=\boldsymbol{p}_m\cdot\boldsymbol{H}$	$W=\boldsymbol{m}\cdot\boldsymbol{B}=\boldsymbol{p}_m\cdot\boldsymbol{H}$
麦克斯韦方程	$\nabla\cdot\boldsymbol{D}=4\pi\rho_0$	$\nabla\cdot\boldsymbol{D}=4\pi\rho_0$	$\nabla\cdot\boldsymbol{D}=4\pi\rho_0$
	$\nabla\cdot\boldsymbol{E}=4\pi\rho$	$\nabla\cdot\boldsymbol{E}=4\pi c^2\rho$	$\nabla\cdot\boldsymbol{E}=4\pi\rho$
	$\nabla\times\boldsymbol{E}=-\partial\boldsymbol{B}/\partial t$	$\nabla\times\boldsymbol{E}=-\partial\boldsymbol{B}/\partial t$	$\nabla\times\boldsymbol{E}=-(1/c)\partial\boldsymbol{B}/\partial t$
	$\nabla\cdot\boldsymbol{B}=0$	$\nabla\cdot\boldsymbol{B}=0$	$\nabla\cdot\boldsymbol{B}=0$

续表

方程	静电制	电磁制	高斯制
	$\nabla\times\boldsymbol{H}=4\pi\boldsymbol{j}_0+\frac{\partial\boldsymbol{D}}{\partial t}$	$\nabla\times\boldsymbol{H}=4\pi\boldsymbol{j}_0+\frac{\partial\boldsymbol{D}}{\partial t}$	$\nabla\times\boldsymbol{H}=\frac{4\pi}{c}\boldsymbol{j}_0+\frac{1}{c}\frac{\partial\boldsymbol{D}}{\partial t}$
	$\nabla\times\boldsymbol{B}=\frac{4\pi}{c^2}\boldsymbol{j}+\frac{1}{c^2}\frac{\partial\boldsymbol{E}}{\partial t}$	$\nabla\times\boldsymbol{B}=4\pi\boldsymbol{j}+\frac{1}{c^2}\frac{\partial\boldsymbol{E}}{\partial t}$	$\nabla\times\boldsymbol{B}=\frac{4\pi}{c}\boldsymbol{j}+\frac{1}{c}\frac{\partial\boldsymbol{E}}{\partial t}$
辅助矢量定义式	$\boldsymbol{D}=\boldsymbol{E}+4\pi\boldsymbol{P}$	$\boldsymbol{D}=c^{-2}\boldsymbol{E}+4\pi\boldsymbol{P}$	$\boldsymbol{D}=\boldsymbol{E}+4\pi\boldsymbol{P}$
	$\boldsymbol{H}=c^2\boldsymbol{B}-4\pi\boldsymbol{M}$	$\boldsymbol{H}=\boldsymbol{B}-4\pi\boldsymbol{M}$	$\boldsymbol{H}=\boldsymbol{B}-4\pi\boldsymbol{M}$
极化规律	$\boldsymbol{P}=\chi_e\boldsymbol{E}$	$\boldsymbol{P}=c^{-2}\chi_e\boldsymbol{E}$	$\boldsymbol{P}=\chi_e\boldsymbol{E}$
磁化规律	$\boldsymbol{M}=\chi_m\boldsymbol{H}$	$\boldsymbol{M}=\chi_m\boldsymbol{H}$	$\boldsymbol{M}=\chi_m\boldsymbol{H}$
磁极化规律	$\boldsymbol{J}=\chi_m\boldsymbol{H}/c^2$	$\boldsymbol{J}=\chi_m\boldsymbol{H}$	$\boldsymbol{J}=\chi_m\boldsymbol{H}$
$\boldsymbol{p}_m$ 与 $\boldsymbol{m}$ 的关系	$\boldsymbol{p}_m=\boldsymbol{m}/c^2$	$\boldsymbol{p}_m=\boldsymbol{m}$	$\boldsymbol{p}_m=\boldsymbol{m}$
$\boldsymbol{J}$ 与 $\boldsymbol{M}$ 的关系	$\boldsymbol{J}=\boldsymbol{M}/c^2$	$\boldsymbol{J}=\boldsymbol{M}$	$\boldsymbol{J}=\boldsymbol{M}$
介质性能方程	$\boldsymbol{D}=\varepsilon_r\boldsymbol{E}$	$\boldsymbol{D}=\varepsilon_r\boldsymbol{E}/c^2$	$\boldsymbol{D}=\varepsilon_r\boldsymbol{E}$
（各向同性介质）	$\boldsymbol{B}=\mu_r\boldsymbol{H}/c^2$	$\boldsymbol{B}=\mu_r\boldsymbol{H}$	$\boldsymbol{B}=\mu_r\boldsymbol{H}$
	$\varepsilon_r=1+4\pi\chi_e$	$\varepsilon_r=1+4\pi\chi_e$	$\varepsilon_r=1+4\pi\chi_e$
	$\mu_r=1+4\pi\chi_m$	$\mu_r=1+4\pi\chi_m$	$\mu_r=1+4\pi\chi_m$

续表

方程	静电制	电磁制	高斯制
洛伦兹力	$\boldsymbol{F}=q(\boldsymbol{E}+\mathrm{v}\times\boldsymbol{B})$	$\boldsymbol{F}=q(\boldsymbol{E}+\mathrm{v}\times\boldsymbol{B})$	$\boldsymbol{F}=q(\boldsymbol{E}+\mathrm{v}\times\boldsymbol{B}/c)$
	$\boldsymbol{f}=\rho\boldsymbol{E}+\boldsymbol{j}\times\boldsymbol{B}$	$\boldsymbol{f}=\rho\boldsymbol{E}+\boldsymbol{j}\times\boldsymbol{B}$	$\boldsymbol{f}=\rho\boldsymbol{E}+\boldsymbol{j}\times\boldsymbol{B}/c$
电荷守恒定律	$\nabla\cdot\boldsymbol{j}+\partial\rho/\partial t=0$	$\nabla\cdot\boldsymbol{j}+\partial\rho/\partial t=0$	$\nabla\cdot\boldsymbol{j}+\partial\rho/\partial t=0$
洛伦兹条件	$\nabla\cdot\boldsymbol{A}+\frac{1}{c^2}\frac{\partial\varphi}{\partial t}=0$	$\nabla\cdot\boldsymbol{A}+\frac{1}{c^2}\frac{\partial\varphi}{\partial t}=0$	$\nabla\cdot\boldsymbol{A}+\frac{1}{c}\frac{\partial\varphi}{\partial t}=0$
电工电子学公式	$U=IR$	$U=IR$	$U=IR$
	$Z_L=\omega L, Z_M=\omega M$	$Z_L=\omega L, Z_M=\omega M$	$Z_L=\omega L, Z_M=\omega M$
	$Z_C=1/(\omega C)$	$Z_C=1/(\omega C)$	$Z_C=1/(\omega C)$
	$W=LI^2/2, CU^2/2$	$W=LI^2/2, CU^2/2$	$W=LI^2/2, CU^2/2$
	$\omega=1/\sqrt{LC}$	$\omega=1/\sqrt{LC}$	$\omega=1/\sqrt{LC}$
	$Z_C=\sqrt{L/C}, \tau=RC, L/R$	$Z_C=\sqrt{L/C}, \tau=RC, L/R$	$Z_C=\sqrt{L/C}, \tau=RC, L/R$
磁路定理	$\mathscr{E}_m=\Phi R_m$	$\mathscr{E}_m=\Phi R_m$	$\mathscr{E}_m=\Phi R_m$
能量密度	$w=\frac{1}{8\pi}\boldsymbol{D}\cdot\boldsymbol{E}+\frac{1}{8\pi}\boldsymbol{B}\cdot\boldsymbol{H}$	$w=\frac{1}{8\pi}\boldsymbol{D}\cdot\boldsymbol{E}+\frac{1}{8\pi}\boldsymbol{B}\cdot\boldsymbol{H}$	$w=\frac{1}{8\pi}\boldsymbol{D}\cdot\boldsymbol{E}+\frac{1}{8\pi}\boldsymbol{B}\cdot\boldsymbol{H}$
能流密度	$S=\boldsymbol{E}\times\boldsymbol{H}/(4\pi)$	$S=\boldsymbol{E}\times\boldsymbol{H}/(4\pi)$	$S=c\boldsymbol{E}\times\boldsymbol{H}/(4\pi)$

续表

方程	静电制	电磁制	高斯制
动量密度	$\boldsymbol{g}=\frac{1}{c^2}\boldsymbol{S}=\frac{1}{4\pi c^2}\boldsymbol{E}\times\boldsymbol{H}$	$\boldsymbol{g}=\frac{1}{c^2}\boldsymbol{S}=\frac{1}{4\pi c^2}\boldsymbol{E}\times\boldsymbol{H}$	$\boldsymbol{g}=\frac{1}{c^2}\boldsymbol{S}=\frac{1}{4\pi c}\boldsymbol{E}\times\boldsymbol{H}$
	$\boldsymbol{g}=\frac{1}{4\pi}\boldsymbol{E}\times\boldsymbol{B}$	$\boldsymbol{g}=\frac{1}{4\pi c^2}\boldsymbol{E}\times\boldsymbol{B}$	$\boldsymbol{g}=\frac{1}{4\pi c}\boldsymbol{E}\times\boldsymbol{B}$
	$\boldsymbol{g}=\frac{1}{4\pi}\boldsymbol{D}\times\boldsymbol{B}$	$\boldsymbol{g}=\frac{1}{4\pi}\boldsymbol{D}\times\boldsymbol{B}$	$\boldsymbol{g}=\frac{1}{4\pi c}\boldsymbol{D}\times\boldsymbol{B}$
动量流密度	$\overleftrightarrow{\boldsymbol{T}}=w\overleftrightarrow{\boldsymbol{I}}-\frac{1}{4\pi}(\boldsymbol{DE}-\boldsymbol{BH})$	$\overleftrightarrow{\boldsymbol{T}}=w\overleftrightarrow{\boldsymbol{I}}-\frac{1}{4\pi}(\boldsymbol{DE}-\boldsymbol{BH})$	$\overleftrightarrow{\boldsymbol{T}}=w\overleftrightarrow{\boldsymbol{I}}-\frac{1}{4\pi}(\boldsymbol{DE}-\boldsymbol{BH})$
电子经典半径	$r_e=e^2/(mc^2)$	$r_e=e^2/m$	$r_e=e^2/(mc^2)$
辐射阻尼力	$\boldsymbol{F}_R=2e^2\ddot{\boldsymbol{v}}/(3c^3)$	$\boldsymbol{F}_R=2e^2\ddot{\boldsymbol{v}}/(3c)$	$\boldsymbol{F}_R=2e^2\ddot{\boldsymbol{v}}/(3c^3)$
拉莫尔公式	$P=2e^2a^2/(3c^3)$	$P=2e^2a^2/(3c)$	$P=2e^2a^2/(3c^3)$
等离子体频率	$\omega_p=\sqrt{4\pi Ne^2/m}$	$\omega_p=\sqrt{4\pi Nc^2e^2/m}$	$\omega_p=\sqrt{4\pi Ne^2/m}$
磁回旋频率	$\omega_B=eB/m$	$\omega_B=eB/m$	$\omega_B=eB/(mc)$
玻尔半径	$a=\hbar^2/(me^2)$	$a=\hbar^2/(mc^2e^2)$	$a=\hbar^2/(me^2)$
精细结构常数	$\alpha=e^2/(\hbar c)$	$\alpha=ce^2/\hbar$	$\alpha=e^2/(\hbar c)$

注:高斯制中的电感取静电单位.

附表 5　静电制、电磁制和高斯制间公式转换使用的电磁学量替换格式

物理量	静电制	高斯制
力学量、电学量和电感维持原状；磁学量替换格式	$\boldsymbol{B}(\boldsymbol{A},\boldsymbol{M},\boldsymbol{J},\boldsymbol{p}_m,\Phi,q_m,\rho_m,\sigma_m)$ $\boldsymbol{H}(\boldsymbol{M},\boldsymbol{m},U_m,\mathscr{E}_m)$ R_m	$\boldsymbol{B}(\boldsymbol{A},\boldsymbol{M},\boldsymbol{J},\boldsymbol{p}_m,\Phi,q_m,\rho_m,\sigma_m)/c$ $c\boldsymbol{H}(\boldsymbol{M},\boldsymbol{m},U_m,\mathscr{E}_m)$ c^2R_m

物理量	电磁制	高斯制
力学量和磁学量维持原状；电学量和电感替换格式	$\boldsymbol{D}(\boldsymbol{P},\boldsymbol{p},\boldsymbol{j},\boldsymbol{i},I,q,\rho,\sigma_e)$ $\boldsymbol{E}(\Phi_E,U,\varphi,\mathscr{E})$ $C(\sigma)$ $L(M,R,Z,\eta)$	$\boldsymbol{D}(\boldsymbol{P},\boldsymbol{p},\boldsymbol{j},\boldsymbol{i},I,q,\rho,\sigma_e)/c$ $c\boldsymbol{E}(\Phi_E,U,\varphi,\mathscr{E})$ $C(\sigma)/c^2$ $c^2L(M,R,Z,\eta)$

续表

物理量	静电制	电磁制
力学量维持原状；电磁学量替换格式	$\boldsymbol{D}(\boldsymbol{P},\boldsymbol{p},\boldsymbol{j},\boldsymbol{i},I,q,\rho,\sigma_e;\boldsymbol{H},\boldsymbol{M},\boldsymbol{m},U_m,\mathscr{E}_m)$ $\boldsymbol{E}(\Phi_E,\boldsymbol{U},\varphi,\mathscr{E};\boldsymbol{B},\boldsymbol{A},\boldsymbol{J},\boldsymbol{p}_m,\Phi,q_m,\rho_m,\sigma_m)$ $C(R_m,\sigma)$ $L(R,M,Z,\eta)$	$c\boldsymbol{D}(\boldsymbol{P},\boldsymbol{p},\boldsymbol{j},\boldsymbol{i},I,q,\rho,\sigma_e;\boldsymbol{H},\boldsymbol{M},\boldsymbol{m},U_m,\mathscr{E}_m)$ $\boldsymbol{E}(\Phi_E,U,\varphi,\mathscr{E};\boldsymbol{B},\boldsymbol{A},\boldsymbol{J},\boldsymbol{p}_m,\Phi,q_m,\rho_m,\sigma_m)/c$ $c^2C(R_m,\sigma)$ $L(M,R,Z,\eta)/c^2$

物理量	修正高斯制（电感取电磁单位）	高斯制（电感取静电单位）
电感替换格式（其余量维持原状）	$L(M)$	$c^2L(M)$

注：1. 高斯制中的电感取静电单位，$c\approx 3\times 10^{10}(\mathrm{cm}\cdot\mathrm{s}^{-1})$.

2. 电磁场的能量、动量、角动量密度和流密度均视为“力学量”，维持原状.

3. 介电常量、极化率、磁导率和磁化率维持原状.

4. 自左至右替换，将左方单位制转换至右方单位制；自右至左替换则反之.

附表 6　SI 制和高斯制下物理量的单位和单位比数

物理量	SI 制	高斯制	单位比数（SI/高斯）
长度 l	米(m)	厘米(cm)	10^2
质量 m	千克(kg)	克(g)	10^3
时间 t	秒(s)	秒(s)	1
物质密度 d	千克/米^3($kg \cdot m^{-3}$)	克/厘米^3($g \cdot cm^{-3}$)	10^{-3}
频率 ν	赫兹(Hz)	赫兹(Hz)	1
速度 v	米/秒($m \cdot s^{-1}$)	厘米/秒($cm \cdot s^{-1}$)	10^2
加速度 a	米/秒^2($m \cdot s^{-2}$)	厘米/秒^2($cm \cdot s^{-2}$)	10^2
动量 p'	千克·米/秒($kg \cdot m \cdot s^{-1}$)	克·厘米/秒($g \cdot cm \cdot s^{-1}$)	10^5
角动量 L'	千克·米^2/秒($kg \cdot m^2 \cdot s^{-1}$)	克·厘米^2/秒($g \cdot cm^2 \cdot s^{-1}$)	10^7
能量(功)W	焦[耳](J)	尔格(erg)	10^7
力 F	牛[顿](N)	达因(dyn)	10^5
功率 P'	瓦[特](W)	尔格/秒($erg \cdot s^{-1}$)	10^7
能流密度 S	瓦[特]/米^2($W \cdot m^{-2}$)	$erg \cdot cm^{-2} \cdot s^{-1}$	10^3

续表

物理量	SI 制	高斯制	单位比数（SI/高斯）
电量 q	库[仑](C)	CGSE(q)	3×10^9
电荷密度ρ	库[仑]/米^3(C/m^3)	CGSE(ρ)	3×10^3
电流强度 I	安[培](A)	CGSE(I)	3×10^9
电流密度 j	安[培]/米^2(A/m^2)	CGSE(j)	3×10^5
电势,电动势(U,$\mathscr{E}$)	伏[特](V)	CGSE(U)	1/300
电场强度 $\boldsymbol{E}$	伏[特]/米(V/m)	CGSE(E)	$10^{-4}/3$
极化强度 $\boldsymbol{P}$	库[仑]/米^2(C/m^2)	CGSE(P)	3×10^5
电位移矢量 $\boldsymbol{D}$	库[仑]/米^2(C/m^2)	CGSE(D)	$12\pi\times10^5$
电导率σ	西门子/米(S/m)	秒$^{-1}$(s^{-1})	9×10^9
电阻 R	欧[姆](Ω)	CGSE(R)(s/cm)	$10^{-11}/9$
电容 C	法[拉](F)	CGSE(C)(cm)	9×10^{11}
电感 L(高斯制)	亨[利](H)	CGSE(L)	$10^{-11}/9$
电感 L(修正高斯制)	亨[利](H)	CGSM(L)(cm)	10^9

续表

物理量	SI 制	高斯制	单位比数（SI/高斯）
磁感应强度 B	特[斯拉](T)	高斯(G)	10^4
磁化强度 M	安[培]/米(A/m)	CGSM(M)	10^{-3}
磁极化强度 J	伏·秒/米^2(V·s/m^2)	CGSM(J)	$10^4/(4\pi)$
磁场强度 H	安[培]/米(A/m)	奥斯特(Oe)	$4\pi\times10^{-3}$
磁通量 Φ	韦[伯](Wb)	麦克斯韦(Mx)	10^8
磁矩 m	安[培]·米^2(A·m^2)	CGSM(m)	10^3
磁荷 q_m	伏[特]·秒(V·s)	CGSM(q_m)	$10^8/(4\pi)$
电偶极矩 p	库[仑]·米(C·m)	CGSE(p)	3×10^{11}
磁偶极矩 p_m	伏[特]·米·秒(V·m·s)	CGSM(p_m)	$10^{10}/(4\pi)$
极化率 χ_e	无量纲量	1	$1/(4\pi)$
磁化率 χ_m	无量纲量	1	$1/(4\pi)$

附表 7　SI 制、高斯制和自然单位制下的电磁学方程式

方程	SI 制	高斯制	自然单位制
实验定律	$\boldsymbol{F}=\frac{1}{4\pi\varepsilon_0}\frac{q_1 q_2}{r_{12}^3}\boldsymbol{r}_{12}$	$\boldsymbol{F}=\frac{q_1 q_2}{r_{12}^3}\boldsymbol{r}_{12}$	$\boldsymbol{F}=\frac{1}{4\pi}\frac{q_1 q_2}{r_{12}^3}\boldsymbol{r}_{12}$
	$\boldsymbol{F}=\frac{1}{4\pi\mu_0}\frac{q_{m1} q_{m2}}{r_{12}^3}\boldsymbol{r}_{12}$	$\boldsymbol{F}=\frac{q_{m1} q_{m2}}{r_{12}^3}\boldsymbol{r}_{12}$	$\boldsymbol{F}=\frac{1}{4\pi}\frac{q_{m1} q_{m2}}{r_{12}^3}\boldsymbol{r}_{12}$
	$\boldsymbol{F}=\frac{\mu_0}{4\pi}\frac{I_1 I_2 \mathrm{d}\boldsymbol{l}_2\times(\mathrm{d}\boldsymbol{l}_1\times\boldsymbol{r}_{12})}{r_{12}^3}$	$\boldsymbol{F}=\frac{1}{c^2}\frac{I_1 I_2 \mathrm{d}\boldsymbol{l}_2\times(\mathrm{d}\boldsymbol{l}_1\times\boldsymbol{r}_{12})}{r_{12}^3}$	$\boldsymbol{F}=\frac{1}{4\pi}\frac{I_1 I_2 \mathrm{d}\boldsymbol{l}_2\times(\mathrm{d}\boldsymbol{l}_1\times\boldsymbol{r}_{12})}{r_{12}^3}$
	$\mathrm{d}\boldsymbol{B}=\frac{\mu_0}{4\pi}\frac{I\mathrm{d}\boldsymbol{l}\times\boldsymbol{r}}{r^3}$	$\mathrm{d}\boldsymbol{B}=\frac{1}{c}\frac{I\mathrm{d}\boldsymbol{l}\times\boldsymbol{r}}{r^3}$	$\mathrm{d}\boldsymbol{B}=\frac{1}{4\pi}\frac{I\mathrm{d}\boldsymbol{l}\times\boldsymbol{r}}{r^3}$
	$\mathscr{E}=-\mathrm{d}\Phi/\mathrm{d}t$	$\mathscr{E}=-(1/c)\mathrm{d}\Phi/\mathrm{d}t$	$\mathscr{E}=-\mathrm{d}\Phi/\mathrm{d}t$
电场强度定义	$\boldsymbol{E}=\boldsymbol{F}/q$	$\boldsymbol{E}=\boldsymbol{F}/q$	$\boldsymbol{E}=\boldsymbol{F}/q$
磁场强度定义	$\boldsymbol{H}=\boldsymbol{F}/q_m$	$\boldsymbol{H}=\boldsymbol{F}/q_m$	$\boldsymbol{H}=\boldsymbol{F}/q_m$
自感定义	$\Phi=LI$	$\Phi=cLI$	$\Phi=LI$
自感电动势定义	$\mathscr{E}=-L\mathrm{d}I/\mathrm{d}t$	$\mathscr{E}=-L\mathrm{d}I/\mathrm{d}t$	$\mathscr{E}=-L\mathrm{d}I/\mathrm{d}t$
电容定义	$C=q/U$	$C=q/U$	$C=q/U$

续表

方程	SI 制	高斯制	自然单位制
电偶极矩定义	$\boldsymbol{p}=q\boldsymbol{l}$	$\boldsymbol{p}=q\boldsymbol{l}$	$\boldsymbol{p}=q\boldsymbol{l}$
磁偶极矩定义	$\boldsymbol{p}_m=q_m\boldsymbol{l}$	$\boldsymbol{p}_m=q_m\boldsymbol{l}$	$\boldsymbol{p}_m=q_m\boldsymbol{l}$
电流环磁矩定义	$\boldsymbol{m}=I\boldsymbol{S}$	$\boldsymbol{m}=I\boldsymbol{S}/c$	$\boldsymbol{m}=I\boldsymbol{S}$
磁偶极矩与磁矩	$\boldsymbol{p}_m=\mu_0\boldsymbol{m}$	$\boldsymbol{p}_m=\boldsymbol{m}$	$\boldsymbol{p}_m=\boldsymbol{m}$
极化强度定义	$\boldsymbol{P}=\sum\boldsymbol{p}/\Delta V$	$\boldsymbol{P}=\sum\boldsymbol{p}/\Delta V$	$\boldsymbol{P}=\sum\boldsymbol{p}/\Delta V$
磁化强度定义	$\boldsymbol{M}=\sum\boldsymbol{m}/\Delta V$	$\boldsymbol{M}=\sum\boldsymbol{m}/\Delta V$	$\boldsymbol{M}=\sum\boldsymbol{m}/\Delta V$
磁极化强度定义	$\boldsymbol{J}=\sum\boldsymbol{p}_m/\Delta V$	$\boldsymbol{J}=\sum\boldsymbol{p}_m/\Delta V$	$\boldsymbol{J}=\sum\boldsymbol{p}_m/\Delta V$
平板电容器电容	$C=\varepsilon_r\varepsilon_0 S/d$	$C=\varepsilon_r S/(4\pi d)$	$C=\varepsilon_r S/d$
电偶极子:场	$\boldsymbol{E}=-\frac{1}{4\pi\varepsilon_0}\nabla\left(\frac{\boldsymbol{p}\cdot\boldsymbol{r}}{r^3}\right)$	$\boldsymbol{E}=-\nabla\left(\frac{\boldsymbol{p}\cdot\boldsymbol{r}}{r^3}\right)$	$\boldsymbol{E}=-\frac{1}{4\pi}\nabla\left(\frac{\boldsymbol{p}\cdot\boldsymbol{r}}{r^3}\right)$
力	$\boldsymbol{F}=(\boldsymbol{p}\cdot\nabla)\boldsymbol{E}$	$\boldsymbol{F}=(\boldsymbol{p}\cdot\nabla)\boldsymbol{E}$	$\boldsymbol{F}=(\boldsymbol{p}\cdot\nabla)\boldsymbol{E}$
力矩	$L=\boldsymbol{p}\times\boldsymbol{E}$	$L=\boldsymbol{p}\times\boldsymbol{E}$	$L=\boldsymbol{p}\times\boldsymbol{E}$
能量	$W=-\boldsymbol{p}\cdot\boldsymbol{E}$	$W=-\boldsymbol{p}\cdot\boldsymbol{E}$	$W=-\boldsymbol{p}\cdot\boldsymbol{E}$

续表

方程	SI制	高斯制	自然单位制
磁偶极子:场	$\boldsymbol{B}=-\frac{\mu_0}{4\pi}\nabla\left(\frac{\boldsymbol{m}\cdot\boldsymbol{r}}{r^3}\right)$	$\boldsymbol{B}=-\nabla\left(\frac{\boldsymbol{m}\cdot\boldsymbol{r}}{r^3}\right)$	$\boldsymbol{B}=-\frac{1}{4\pi}\nabla\left(\frac{\boldsymbol{m}\cdot\boldsymbol{r}}{r^3}\right)$
力	$\boldsymbol{F}=(\boldsymbol{m}\cdot\nabla)\boldsymbol{B}=(\boldsymbol{p}_m\cdot\nabla)\boldsymbol{H}$	$\boldsymbol{F}=(\boldsymbol{m}\cdot\nabla)\boldsymbol{B}=(\boldsymbol{p}_m\cdot\nabla)\boldsymbol{H}$	$\boldsymbol{F}=(\boldsymbol{m}\cdot\nabla)\boldsymbol{B}=(\boldsymbol{p}_m\cdot\nabla)\boldsymbol{H}$
力矩	$L=\boldsymbol{m}\times\boldsymbol{B}=\boldsymbol{p}_m\times\boldsymbol{H}$	$L=\boldsymbol{m}\times\boldsymbol{B}=\boldsymbol{p}_m\times\boldsymbol{H}$	$L=\boldsymbol{m}\times\boldsymbol{B}=\boldsymbol{p}_m\times\boldsymbol{H}$
能量	$W=\boldsymbol{m}\cdot\boldsymbol{B}=\boldsymbol{p}_m\cdot\boldsymbol{H}$	$W=\boldsymbol{m}\cdot\boldsymbol{B}=\boldsymbol{p}_m\cdot\boldsymbol{H}$	$W=\boldsymbol{m}\cdot\boldsymbol{B}=\boldsymbol{p}_m\cdot\boldsymbol{H}$
麦克斯韦方程	$\nabla\cdot\boldsymbol{D}=\rho_0$	$\nabla\cdot\boldsymbol{D}=4\pi\rho_0$	$\nabla\cdot\boldsymbol{D}=\rho_0$
	$\nabla\cdot\boldsymbol{E}=\rho/\varepsilon_0$	$\nabla\cdot\boldsymbol{E}=4\pi\rho$	$\nabla\cdot\boldsymbol{E}=\rho$
	$\nabla\times\boldsymbol{E}=-\partial\boldsymbol{B}/\partial t$	$\nabla\times\boldsymbol{E}=-(1/c)\partial\boldsymbol{B}/\partial t$	$\nabla\times\boldsymbol{E}=-\partial\boldsymbol{B}/\partial t$
	$\nabla\cdot\boldsymbol{B}=0$	$\nabla\cdot\boldsymbol{B}=0$	$\nabla\cdot\boldsymbol{B}=0$
	$\nabla\times\boldsymbol{H}=\boldsymbol{j}_0+\frac{\partial\boldsymbol{D}}{\partial t}$	$\nabla\times\boldsymbol{H}=\frac{4\pi}{c}\boldsymbol{j}_0+\frac{1}{c}\frac{\partial\boldsymbol{D}}{\partial t}$	$\nabla\times\boldsymbol{H}=\boldsymbol{j}_0+\frac{\partial\boldsymbol{D}}{\partial t}$
	$\nabla\times\boldsymbol{B}=\mu_0\boldsymbol{j}+\mu_0\varepsilon_0\frac{\partial\boldsymbol{E}}{\partial t}$	$\nabla\times\boldsymbol{B}=\frac{4\pi}{c}\boldsymbol{j}+\frac{1}{c}\frac{\partial\boldsymbol{E}}{\partial t}$	$\nabla\times\boldsymbol{B}=\boldsymbol{j}+\frac{\partial\boldsymbol{E}}{\partial t}$
辅助矢量定义式	$\boldsymbol{D}=\varepsilon_0\boldsymbol{E}+\boldsymbol{P}$	$\boldsymbol{D}=\boldsymbol{E}+4\pi\boldsymbol{P}$	$\boldsymbol{D}=\boldsymbol{E}+\boldsymbol{P}$

续表

方程	SI 制	高斯制	自然单位制
	$\boldsymbol{H}=\boldsymbol{B}/\mu_0-\boldsymbol{M}$	$\boldsymbol{H}=\boldsymbol{B}-4\pi\boldsymbol{M}$	$\boldsymbol{H}=\boldsymbol{B}-\boldsymbol{M}$
边值关系	$\boldsymbol{n}\cdot(\boldsymbol{D}_2-\boldsymbol{D}_1)=\sigma_e$	$\boldsymbol{n}\cdot(\boldsymbol{D}_2-\boldsymbol{D}_1)=4\pi\sigma_e$	$\boldsymbol{n}\cdot(\boldsymbol{D}_2-\boldsymbol{D}_1)=\sigma_e$
	$\boldsymbol{n}\cdot(\boldsymbol{B}_2-\boldsymbol{B}_1)=0$	$\boldsymbol{n}\cdot(\boldsymbol{B}_2-\boldsymbol{B}_1)=0$	$\boldsymbol{n}\cdot(\boldsymbol{B}_2-\boldsymbol{B}_1)=0$
	$\boldsymbol{n}\times(\boldsymbol{E}_2-\boldsymbol{E}_1)=0$	$\boldsymbol{n}\times(\boldsymbol{E}_2-\boldsymbol{E}_1)=0$	$\boldsymbol{n}\times(\boldsymbol{E}_2-\boldsymbol{E}_1)=0$
	$\boldsymbol{n}\times(\boldsymbol{H}_2-\boldsymbol{H}_1)=\boldsymbol{i}$	$\boldsymbol{n}\times(\boldsymbol{H}_2-\boldsymbol{H}_1)=4\pi\boldsymbol{i}/c$	$\boldsymbol{n}\times(\boldsymbol{H}_2-\boldsymbol{H}_1)=\boldsymbol{i}$
介质性能方程	$\boldsymbol{D}=\varepsilon_r\varepsilon_0\boldsymbol{E}$	$\boldsymbol{D}=\varepsilon_r\boldsymbol{E}$	$\boldsymbol{D}=\varepsilon_r\boldsymbol{E}$
（各向同性介质）	$\boldsymbol{B}=\mu_r\mu_0\boldsymbol{H}$	$\boldsymbol{B}=\mu_r\boldsymbol{H}$	$\boldsymbol{B}=\mu_r\boldsymbol{H}$
	$\varepsilon_r=1+\chi_e$	$\varepsilon_r=1+4\pi\chi_e$	$\varepsilon_r=1+\chi_e$
	$\mu_r=1+\chi_m$	$\mu_r=1+4\pi\chi_m$	$\mu_r=1+\chi_m$
极化规律	$\boldsymbol{P}=\chi_e\varepsilon_0\boldsymbol{E}$	$\boldsymbol{P}=\chi_e\boldsymbol{E}$	$\boldsymbol{P}=\chi_e\boldsymbol{E}$
磁化规律	$\boldsymbol{M}=\chi_m\boldsymbol{H}$	$\boldsymbol{M}=\chi_m\boldsymbol{H}$	$\boldsymbol{M}=\chi_m\boldsymbol{H}$
磁极化规律	$\boldsymbol{J}=\chi_m\mu_0\boldsymbol{H}$	$\boldsymbol{J}=\chi_m\boldsymbol{H}$	$\boldsymbol{J}=\chi_m\boldsymbol{H}$
$\boldsymbol{p}_m$ 和 $\boldsymbol{m}$ 的关系	$\boldsymbol{p}_m=\mu_0\boldsymbol{m}$	$\boldsymbol{p}_m=\boldsymbol{m}$	$\boldsymbol{p}_m=\boldsymbol{m}$

续表

方程	SI 制	高斯制	自然单位制
$\boldsymbol{J}$ 和 $\boldsymbol{M}$ 的关系	$\boldsymbol{J}=\mu_0\boldsymbol{M}$	$\boldsymbol{J}=\boldsymbol{M}$	$\boldsymbol{J}=\boldsymbol{M}$
洛伦兹力	$\boldsymbol{F}=q(\boldsymbol{E}+\boldsymbol{v}\times\boldsymbol{B})$	$\boldsymbol{F}=q(\boldsymbol{E}+\boldsymbol{v}\times\boldsymbol{B}/c)$	$\boldsymbol{F}=q(\boldsymbol{E}+\boldsymbol{v}\times\boldsymbol{B})$
	$\boldsymbol{f}=\rho\boldsymbol{E}+\boldsymbol{j}\times\boldsymbol{B}$	$\boldsymbol{f}=\rho\boldsymbol{E}+\boldsymbol{j}\times\boldsymbol{B}/c$	$\boldsymbol{f}=\rho\boldsymbol{E}+\boldsymbol{j}\times\boldsymbol{B}$
电荷守恒定律	$\nabla\cdot\boldsymbol{j}+\partial\rho/\partial t=0$	$\nabla\cdot\boldsymbol{j}+\partial\rho/\partial t=0$	$\nabla\cdot\boldsymbol{j}+\partial\rho/\partial t=0$
洛伦兹条件 ($\varphi\equiv U$)	$\nabla\cdot\mathbf{A}+\frac{1}{c^2}\frac{\partial\varphi}{\partial t}=0$	$\nabla\cdot\mathbf{A}+\frac{1}{c}\frac{\partial\varphi}{\partial t}=0$	$\nabla\cdot\mathbf{A}+\frac{\partial\varphi}{\partial t}=0$
电磁场和电磁势	$\boldsymbol{E}=-\nabla\varphi-\partial\mathbf{A}/\partial t$	$\boldsymbol{E}=-\nabla\varphi-c^{-1}\partial\mathbf{A}/\partial t$	$\boldsymbol{E}=-\nabla\varphi-\partial\mathbf{A}/\partial t$
	$\boldsymbol{B}=\nabla\times\mathbf{A}$	$\boldsymbol{B}=\nabla\times\mathbf{A}$	$\boldsymbol{B}=\nabla\times\mathbf{A}$
达朗贝尔方程	$\nabla^2\mathbf{A}-\frac{1}{c^2}\frac{\partial^2\mathbf{A}}{\partial t^2}=-\mu_0\boldsymbol{j}$	$\nabla^2\mathbf{A}-\frac{1}{c^2}\frac{\partial^2\mathbf{A}}{\partial t^2}=-\frac{4\pi}{c}\boldsymbol{j}$	$\nabla^2\mathbf{A}-\frac{\partial^2\mathbf{A}}{\partial t^2}=-\boldsymbol{j}$
	$\nabla^2\varphi-\frac{1}{c^2}\frac{\partial^2\varphi}{\partial t^2}=-\frac{\rho}{\varepsilon_0}$	$\nabla^2\varphi-\frac{1}{c^2}\frac{\partial^2\varphi}{\partial t^2}=-4\pi\rho$	$\nabla^2\varphi-\frac{\partial^2\varphi}{\partial t^2}=-\rho$
推迟势	$\mathbf{A}=\frac{\mu_0}{4\pi}\iiint\frac{\boldsymbol{j}(\boldsymbol{r}',R/c)}{R}\mathrm{d}V'$	$\mathbf{A}=\frac{1}{c}\iiint\frac{\boldsymbol{j}(\boldsymbol{r}',R/c)}{R}\mathrm{d}V'$	$\mathbf{A}=\frac{1}{4\pi}\iiint\frac{\boldsymbol{j}(\boldsymbol{r}',R)}{R}\mathrm{d}V'$
	$\varphi=\frac{1}{4\pi\varepsilon_0}\iiint\frac{\rho(\boldsymbol{r}',R/c)}{R}\mathrm{d}V'$	$\varphi=\iiint\frac{\rho(\boldsymbol{r}',R/c)}{R}\mathrm{d}V'$	$\varphi=\frac{1}{4\pi}\iiint\frac{\rho(\boldsymbol{r}',R)}{R}\mathrm{d}V'$

续表

方程	SI 制	高斯制	自然单位制
运动电荷的势	$\boldsymbol{A}=\dfrac{\mu_0 e\boldsymbol{v}}{4\pi(r-\boldsymbol{v}\cdot\boldsymbol{r}/c)}$	$\boldsymbol{A}=\dfrac{e\boldsymbol{v}}{c(r-\boldsymbol{v}\cdot\boldsymbol{r}/c)}$	$\boldsymbol{A}=\dfrac{e\boldsymbol{v}}{4\pi(r-\boldsymbol{v}\cdot\boldsymbol{r})}$
	$\varphi=\dfrac{e}{4\pi\varepsilon_0(r-\boldsymbol{v}\cdot\boldsymbol{r}/c)}$	$\varphi=\dfrac{e}{r-\boldsymbol{v}\cdot\boldsymbol{r}/c}$	$\varphi=\dfrac{e}{4\pi(r-\boldsymbol{v}\cdot\boldsymbol{r})}$
电工电子学公式	$U=IR$	$U=IR$	$U=IR$
	$Z_L=\omega L, Z_M=\omega M$	$Z_L=\omega L, Z_M=\omega M$	$Z_L=\omega L, Z_M=\omega M$
	$Z_C=1/(\omega C)$	$Z_C=1/(\omega C)$	$Z_C=1/(\omega C)$
	$W=LI^2/2, CU^2/2$	$W=LI^2/2, CU^2/2$	$W=LI^2/2, CU^2/2$
	$\omega=1/\sqrt{LC}$	$\omega=1/\sqrt{LC}$	$\omega=1/\sqrt{LC}$
	$Z_C=\sqrt{L/C}, \tau=RC, L/R$	$Z_C=\sqrt{L/C}, \tau=RC, L/R$	$Z_C=\sqrt{L/C}, \tau=RC, L/R$
磁路定理	$\mathscr{E}_m=\Phi R_m$	$\mathscr{E}_m=\Phi R_m$	$\mathscr{E}_m=\Phi R_m$
能量密度	$w=\dfrac{1}{2}\varepsilon_r\varepsilon_0 E^2+\dfrac{1}{2}\mu_r\mu_0 H^2$	$w=\dfrac{1}{8\pi}\varepsilon_r E^2+\dfrac{1}{8\pi}\mu_r H^2$	$w=\dfrac{1}{2}\varepsilon_r E^2+\dfrac{1}{2}\mu_r H^2$
能流密度	$\boldsymbol{S}=\boldsymbol{E}\times\boldsymbol{H}$	$\boldsymbol{S}=c\boldsymbol{E}\times\boldsymbol{H}/(4\pi)$	$\boldsymbol{S}=\boldsymbol{E}\times\boldsymbol{H}$
动量密度	$\boldsymbol{g}=\dfrac{1}{c^2}\boldsymbol{S}=\dfrac{1}{c^2}\boldsymbol{E}\times\boldsymbol{H}$	$\boldsymbol{g}=\dfrac{1}{c^2}\boldsymbol{S}=\dfrac{1}{4\pi c}\boldsymbol{E}\times\boldsymbol{H}$	$\boldsymbol{g}=\boldsymbol{S}=\boldsymbol{E}\times\boldsymbol{H}$

续表

方程	SI 制	高斯制	自然单位制
	$\boldsymbol{g}=\varepsilon_0\boldsymbol{E}\times\boldsymbol{B}$	$\boldsymbol{g}=\frac{1}{4\pi c}\boldsymbol{E}\times\boldsymbol{B}$	$\boldsymbol{g}=\boldsymbol{E}\times\boldsymbol{B}$
	$\boldsymbol{g}=\boldsymbol{D}\times\boldsymbol{B}$	$\boldsymbol{g}=\frac{1}{4\pi c}\boldsymbol{D}\times\boldsymbol{B}$	$\boldsymbol{g}=\boldsymbol{D}\times\boldsymbol{B}$
质能关系	$W=mc^2$	$W=mc^2$	$W=m$
光子能量	$W=h\nu=\hbar\omega$	$W=h\nu=\hbar\omega$	$W=2\pi\nu=\omega$
光子动量	$\boldsymbol{p}=\hbar\boldsymbol{k}$	$\boldsymbol{p}=\hbar\boldsymbol{k}$	$\boldsymbol{p}=\boldsymbol{k}$
阿伏伽德罗定律	$p=nk_BT$	$p=nk_BT$	$p=nT$
电子经典半径	$r_e=e^2/(4\pi\varepsilon_0 mc^2)$	$r_e=e^2/(mc^2)$	$r_e=e^2/(4\pi m)$
辐射阻尼力	$\boldsymbol{F}_R=e^2\ddot{\boldsymbol{v}}/(6\pi\varepsilon_0 c^3)$	$\boldsymbol{F}_R=2e^2\ddot{\boldsymbol{v}}/(3c^3)$	$\boldsymbol{F}_R=e^2\ddot{\boldsymbol{v}}/(6\pi)$
拉莫尔公式	$P=e^2a^2/(6\pi\varepsilon_0 c^3)$	$P=2e^2a^2/(3c^3)$	$P=e^2a^2/(6\pi)$
等离子体频率	$\omega_p=\sqrt{Ne^2/(m\varepsilon_0)}$	$\omega_p=\sqrt{4\pi Ne^2/m}$	$\omega_p=\sqrt{Ne^2/m}$
磁回旋频率	$\omega_B=eB/m$	$\omega_B=eB/(mc)$	$\omega_B=eB/m$
玻尔半径	$a=4\pi\varepsilon_0\hbar^2/(me^2)$	$a=\hbar^2/(me^2)$	$a=4\pi/(me^2)$
精细结构常数	$\alpha=e^2/(4\pi\varepsilon_0 c\hbar)$	$\alpha=e^2/(c\hbar)$	$\alpha=e^2/(4\pi)$

续表

方程	SI 制	高斯制	自然单位制
相对论电动力学			
4-电磁势矢量	$A_\mu=(\boldsymbol{A},\mathrm{i}\varphi/c)$	$A_\mu=(\boldsymbol{A},\mathrm{i}\varphi)$	$A_\mu=(\boldsymbol{A},\mathrm{i}\varphi)$
4-电流密度矢量	$J_\mu=(\boldsymbol{j},\mathrm{i}c\rho)$	$J_\mu=(\boldsymbol{j},\mathrm{i}c\rho)$	$J_\mu=(\boldsymbol{j},\mathrm{i}\rho)$
4-力密度矢量	$f_\mu=(\boldsymbol{f},\mathrm{i}\boldsymbol{j}\cdot\boldsymbol{E}/c)$	$f_\mu=(\boldsymbol{f},\mathrm{i}\boldsymbol{j}\cdot\boldsymbol{E}/c)$	$f_\mu=(\boldsymbol{f},\mathrm{i}\boldsymbol{j}\cdot\boldsymbol{E})$
4-力矢量	$K_\mu=\gamma(\boldsymbol{F},\mathrm{i}\boldsymbol{F}\cdot\boldsymbol{u}/c)$	$K_\mu=\gamma(\boldsymbol{F},\mathrm{i}\boldsymbol{F}\cdot\boldsymbol{u}/c)$	$K_\mu=\gamma(\boldsymbol{F},\mathrm{i}\boldsymbol{F}\cdot\boldsymbol{u})$
4-电磁场张量	$\boldsymbol{F}_{\mu\nu}=\begin{pmatrix}0 & B_3 & -B_2 & -\mathrm{i}E_1/c\\ -B_3 & 0 & B_1 & -\mathrm{i}E_2/c\\ B_2 & -B_1 & 0 & -\mathrm{i}E_3/c\\ \mathrm{i}E_1/c & \mathrm{i}E_2/c & \mathrm{i}E_3/c & 0\end{pmatrix}$	$\boldsymbol{F}_{\mu\nu}=\begin{pmatrix}0 & B_3 & -B_2 & -\mathrm{i}E_1\\ -B_3 & 0 & B_1 & -\mathrm{i}E_2\\ B_2 & -B_1 & 0 & -\mathrm{i}E_3\\ \mathrm{i}E_1 & \mathrm{i}E_2 & \mathrm{i}E_3 & 0\end{pmatrix}$	$\boldsymbol{F}_{\mu\nu}=\begin{pmatrix}0 & B_3 & -B_2 & -\mathrm{i}E_1\\ -B_3 & 0 & B_1 & -\mathrm{i}E_2\\ B_2 & -B_1 & 0 & -\mathrm{i}E_3\\ \mathrm{i}E_1 & \mathrm{i}E_2 & \mathrm{i}E_3 & 0\end{pmatrix}$
4-电磁能量动量张量	$\boldsymbol{T}_{\mu\nu}=\frac{1}{\mu_0}(F_{\mu\alpha}F_{\alpha\nu}+\frac{1}{4}F_{\alpha\sigma}F_{\alpha\sigma}\delta_{\mu\nu})$	$\boldsymbol{T}_{\mu\nu}=\frac{1}{4\pi}(F_{\mu\alpha}F_{\alpha\nu}+\frac{1}{4}F_{\alpha\sigma}F_{\alpha\sigma}\delta_{\mu\nu})$	$\boldsymbol{T}_{\mu\nu}=F_{\mu\alpha}F_{\alpha\nu}+\frac{1}{4}F_{\alpha\sigma}F_{\alpha\sigma}\delta_{\mu\nu}$
	$\boldsymbol{T}_{\mu\nu}=\begin{pmatrix}-\overleftrightarrow{\boldsymbol{T}} & -\mathrm{i}c\boldsymbol{g}\\ -\mathrm{i}c\boldsymbol{g} & w\end{pmatrix}$	$\boldsymbol{T}_{\mu\nu}=\begin{pmatrix}-\overleftrightarrow{\boldsymbol{T}} & -\mathrm{i}c\boldsymbol{g}\\ -\mathrm{i}c\boldsymbol{g} & w\end{pmatrix}$	$\boldsymbol{T}_{\mu\nu}=\begin{pmatrix}-\overleftrightarrow{\boldsymbol{T}} & -\mathrm{i}\boldsymbol{g}\\ -\mathrm{i}\boldsymbol{g} & w\end{pmatrix}$
电荷守恒方程	$\partial_\mu J_\mu=0$	$\partial_\mu J_\mu=0$	$\partial_\mu J_\mu=0$

续表

方程	SI 制	高斯制	自然单位制
洛伦兹条件	$\partial_\mu A_\mu = 0$	$\partial_\mu A_\mu = 0$	$\partial_\mu A_\mu = 0$
电磁场和电磁势	$F_{\mu\nu} = \partial_\mu A_\nu - \partial_\nu A_\mu$	$F_{\mu\nu} = \partial_\mu A_\nu - \partial_\nu A_\mu$	$F_{\mu\nu} = \partial_\mu A_\nu - \partial_\nu A_\mu$
电磁势达朗贝尔方程	$\left(\nabla^2 - \frac{1}{c^2}\frac{\partial^2}{\partial t^2}\right)A_\mu = -\mu_0 J_\mu$	$\left(\nabla^2 - \frac{1}{c^2}\frac{\partial^2}{\partial t^2}\right)A_\mu = -\frac{4\pi}{c}J_\mu$	$\left(\nabla^2 - \frac{\partial^2}{\partial t^2}\right)A_\mu = -J_\mu$
洛伦兹力和功率	$f_\mu = F_{\mu\nu} J_\nu$	$f_\mu = F_{\mu\nu} J_\nu / c$	$f_\mu = F_{\mu\nu} J_\nu$
电磁场能量动量守恒方程	$f_\mu = \partial_\nu T_{\mu\nu}$	$f_\mu = \partial_\nu T_{\mu\nu}$	$f_\mu = \partial_\nu T_{\mu\nu}$
含场源麦克斯韦方程	$\partial_\nu F_{\mu\nu} = \mu_0 J_\mu$	$\partial_\nu F_{\mu\nu} = 4\pi J_\mu / c$	$\partial_\nu F_{\mu\nu} = J_\mu$
不含场源麦克斯韦方程	$\partial_\lambda F_{\mu\nu} + \partial_\mu F_{\nu\lambda} + \partial_\nu F_{\lambda\mu} = 0$	$\partial_\lambda F_{\mu\nu} + \partial_\mu F_{\nu\lambda} + \partial_\nu F_{\lambda\mu} = 0$	$\partial_\lambda F_{\mu\nu} + \partial_\mu F_{\nu\lambda} + \partial_\nu F_{\lambda\mu} = 0$

注:1. 高斯制中的电感取静电单位.

2. 4-力密度矢量 f_μ、4-能量动量张量 $T_{\mu\nu}$ 及其相关的 3-张量被视为“力学量”,在高斯制与 SI 制间的转换过程中维持原状.

附表 8 SI 制和高斯制间公式转换使用的电磁学量替换格式

物理量	高斯制	SI 制
真空光速	c	$(\mu_0\varepsilon_0)^{-1/2}$
电场(电势,电压,电动势,电通量)	$\boldsymbol{E}(U,\varphi,\mathscr{E},\Phi_E)$	$\sqrt{4\pi\varepsilon_0}\,\boldsymbol{E}(U,\varphi,\mathscr{E},\Phi_E)$
电位移矢量	$\boldsymbol{D}$	$\sqrt{4\pi/\varepsilon_0}\,\boldsymbol{D}$
电荷(电荷密度,电荷面密度,电流密度,电流强度,电偶极矩,极化强度)	$q(\rho,\sigma_e,\boldsymbol{j},\boldsymbol{i},I,J_\mu,\boldsymbol{p},\boldsymbol{P})$	$q(\rho,\sigma_e,\boldsymbol{j},\boldsymbol{i},I,J_\mu,\boldsymbol{p},\boldsymbol{P})/\sqrt{4\pi\varepsilon_0}$
磁感应强度(磁矢势,磁通)	$\boldsymbol{B}(\boldsymbol{A},A_\mu,F_{\mu\nu},\Phi)$	$\sqrt{4\pi/\mu_0}\,\boldsymbol{B}(\boldsymbol{A},A_\mu,F_{\mu\nu},\Phi)$
磁场强度(磁动势)	$\boldsymbol{H}(\mathscr{E}_m)$	$\sqrt{4\pi\mu_0}\,\boldsymbol{H}(\mathscr{E}_m)$
磁化强度(磁矩)	$\boldsymbol{M}(\boldsymbol{m})$	$\sqrt{\mu_0/(4\pi)}\,\boldsymbol{M}(\boldsymbol{m})$
磁极化强度(磁荷,磁荷密度,磁荷面密度,磁偶极矩)	$\boldsymbol{J}(q_m,\rho_m,\sigma_m,\boldsymbol{p}_m)$	$\boldsymbol{J}(q_m,\rho_m,\sigma_m,\boldsymbol{p}_m)/\sqrt{4\pi\mu_0}$
电导率	σ	$\sigma/(4\pi\varepsilon_0)$
电阻率	η	$4\pi\varepsilon_0\,\eta$
介电常量	ε	$\varepsilon/\varepsilon_0$

续表

物理量	高斯制	SI 制
磁导率	μ	μ/μ_0
极化率(磁化率)	$\chi_e(\chi_m)$	$\chi_e(\chi_m)/(4\pi)$
电阻(阻抗)	$R(Z)$	$4\pi\varepsilon_0 R(Z)$
磁阻	R_m	$\mu_0 R_m$
电容	C	$C/(4\pi\varepsilon_0)$
电感(静电单位)	$L(M)$	$4\pi\varepsilon_0 L(M)$
电感(电磁单位)	$L(M)$	$(4\pi/\mu_0)L(M)$

注:1. $c\approx3\times10^8\,\mathrm{m\cdot s^{-1}}=3\times10^{10}\,\mathrm{cm\cdot s^{-1}}$，$\mu_0=4\pi\times10^{-7}\,\mathrm{H\cdot m^{-1}}$,$\varepsilon_0\approx1/(36\pi\times10^9)\,\mathrm{F\cdot m^{-1}}$.

2. 电磁场的能量、动量和角动量的密度和流密度,电磁力及其密度,它们对应的四维矢量和四维张量,包括四维能量动量张量等,均视为“力学量”,维持原状.

3. A_μ 为四维电磁势矢量,J_μ 为四维电流密度矢量,$\boldsymbol{F}_{\mu\nu}$ 为四维电磁场张量.

4. 自左至右替换,将高斯制电磁学公式转换至国际制;自右至左替换则反之.

5. 相对介电常量 ε_r 和相对磁导率 μ_r 在不同电磁单位制下数值相同,但极化率 χ_e 和磁化率 χ_m 与单位制有关:国际制下的数值等于静电制、电磁制和高斯制下的值的 4π 倍.

6. 在高斯制中,电感的单位有两种取法:静电单位或电磁单位,前者为后者的 $c^2(\approx9\times10^{20})$倍.若取静电单位,则电感的替换格式为 $L(M)\leftrightarrow4\pi\varepsilon_0 L(M)$;若取电磁单位,则电感的替换格式为 $L(M)\leftrightarrow(4\pi/\mu_0)L(M)$.

附表 9　自然单位制(令 $\varepsilon_0=\mu_0=c=\hbar=k_B=1$)

($\varepsilon_0=10^{-9}/(36\pi)\,\mathrm{F\cdot m^{-1}}$, $\mu_0=4\pi\times10^{-7}\,\mathrm{H\cdot m^{-1}}$, $c=3\times10^{8}\,\mathrm{m\cdot s^{-1}}$, $\hbar=1.0546\times10^{-34}\,\mathrm{J\cdot s\cdot rad^{-1}}$, $k_B=1.3807\times10^{-23}\,\mathrm{J\cdot K^{-1}}$)

物理量	单位符号	定义方程	自然单位	量纲
能量(功)W	W_0	$W_0=1.602\times10^{-13}\,\mathrm{J}$,基本单位	$1.602\times10^{-13}\ \mathrm{J}$	W
质量 m	m_0	$m_0=W_0/c^2$	$1.780\times10^{-30}\ \mathrm{kg}$	W
角频率 ω	ω_0	$\omega_0=W_0/\hbar$	$1.519\times10^{21}\ \mathrm{rad\cdot s^{-1}}$	W
频率 ν	ν_0	$\nu_0=\omega_0/\mathrm{rad}$	$1.519\times10^{21}\ \mathrm{Hz}$	W
时间 t	t_0	$t_0=1/\nu_0$	$6.582\times10^{-22}\ \mathrm{s}$	W^{-1}
速度 v	v_0	$v_0=c$	$3\times10^{8}\ \mathrm{m\cdot s^{-1}}$	W^{0}
加速度 a	a_0	$a_0=v_0/t_0$	$4.558\times10^{29}\ \mathrm{m\cdot s^{-2}}$	W
长度 l	l_0	$l_0=v_0t_0$	$1.975\times10^{-13}\ \mathrm{m}$	W^{-1}
物质密度 d	d_0	$d_0=m_0/l_0^3$	$2.312\times10^{8}\ \mathrm{kg\cdot m^{-3}}$	W^{4}
动量 p'	p'_0	$p'_0=m_0v_0$	$5.341\times10^{-22}\ \mathrm{kg\cdot m\cdot s^{-1}}$	W
角动量 L'	L'_0	$L'_0=m_0v_0l_0$	$1.055\times10^{-34}\ \mathrm{kg\cdot m^{2}\cdot s^{-1}}$	W^{0}

续表

物理量	单位符号	定义方程	自然单位	量纲
力 F	F_0	$F_0=m_0a_0=W_0/l_0$	0.8114 N	W^2
功率 P'	P'_0	$P'_0=W_0/t_0$	2.434×10^{8} W	W^2
能流密度 S	S_0	$S_0=P'_0/l_0^2$	6.243×10^{33} W·m^{-2}	W^4
电量 q	q_0	$q_0=l_0\sqrt{\varepsilon_0F_0}$	5.289×10^{-19} C	W^0
电荷密度 ρ	ρ_0	$\rho_0=q_0/l_0^3$	6.869×10^{19} C·m^{-3}	W^3
电流强度 I	I_0	$I_0=q_0/t_0$	8.035×10^{2} A	W
电流密度 j	j_0	$j_0=I_0/l_0^2$	2.061×10^{28} A·m^{-2}	W^3
电势，电动势$(U,\mathscr{E})$	$U_0,\mathscr{E}_0$	$U_0=\mathscr{E}_0=W_0/q_0$	3.029×10^{5} V	W
电场强度 E	E_0	$E_0=U_0/l_0$	1.534×10^{18} V·m^{-1}	W^2
电位移矢量 D	D_0	$D_0=\varepsilon_0E_0$	1.356×10^{7} C·m^{-2}	W^2
极化强度 P	P_0	$P_0=D_0$	1.356×10^{7} C·m^{-2}	W^2
电导率 σ	σ_0	$\sigma_0=j_0/E_0$	1.343×10^{10} S·m^{-1}	W
电阻 R	R_0	$R_0=U_0/I_0$	3.770×10^{2} Ω	W^0

续表

物理量	单位符号	定义方程	自然单位	量纲
电容 C	C_0	$C_0=1/(R_0\omega_0)$	1.746×10^{-24} F	W^{-1}
电感 L	L_0	$L_0=R_0/\omega_0$	2.481×10^{-19} H	W^{-1}
磁感应强度 B	B_0	$B_0=\mu_0 I_0/l_0$	5.114×10^{9} T	W^{2}
磁场强度 H	H_0	$H_0=B_0/\mu_0=I_0/l_0$	4.069×10^{15} A·m^{-1}	W^{2}
磁化强度 M	M_0	$M_0=H_0$	4.069×10^{15} A·m^{-1}	W^{2}
磁通量 Φ	Φ_0	$\Phi_0=B_0 l_0^2$	1.994×10^{-16} Wb	W^{0}
磁矩 m	m_0	$m_0=I_0 l_0^2$	3.133×10^{-23} A·m^{2}	W^{-1}
磁荷 q_m	q_{m0}	$q_{m0}=\mu_0 m_0/l_0=\mu_0 I_0 l_0$	1.994×10^{-16} V·s	W^{0}
温度 T	T_0	$T_0=W_0/k_B$	1 MeV = 1.160×10^{10} K	W

附表 10 MHD 计算单位制的基本单位(举例)

基本量	符号	定义	单位大小	备注
长度	l_0	$l_0=R_E$	6.37×10^{6} m	地球半径
磁感应强度	B_0	$B_0=B_E$	3.12×10^{-5} T	地面赤道处磁感应强度
密度	ρ_0	$\rho_0=\rho_E$	1.67×10^{-17} kg·m^{-3}	等离子体密度特征值

附表 11 MHD 计算单位制的导出单位(举例)

导出量	符号	定义方程	单位大小
质量	m_0	$m_0=\rho_0 l_0^3$	4.32×10^3 kg
速度	v_0	$v_0=B_0/\sqrt{\mu_0\rho_0}$	$6.81\times10^6\ \mathrm{m\cdot s^{-1}}$
数密度	n_0	$n_0=\rho_0/m_P$	$10^{10}\ \mathrm{m^{-3}}$
时间	t_0	$t_0=l_0/v_0$	0.935 s
加速度	g_0	$g_0=v_0/t_0$	$7.28\times10^6\ \mathrm{m\cdot s^{-2}}$
力	F_0	$F_0=m_0 g_0$	3.14×10^{10} N
压强	p_0	$p_0=\rho_0 v_0^2$	$7.75\times10^{-4}\ \mathrm{N\cdot m^{-2}}$
温度	T_0	$T_0=p_0/(\rho_0 R)$	2.81×10^9 K
电场强度	E_0	$E_0=v_0 B_0$	$2.12\times10^2\ \mathrm{V\cdot m^{-1}}$
电势	U_0	$U_0=l_0 E_0$	1.35×10^9 V
体电流密度	j_0	$j_0=B_0/(\mu_0 l_0)$	$3.90\times10^{-6}\ \mathrm{A\cdot m^{-2}}$
面电流密度	J_0	$J_0=j_0 l_0$	$24.8\ \mathrm{A\cdot m^{-1}}$
电流强度	I_0	$I_0=j_0 l_0^2$	1.58×10^8 A

续表

导出量	符号	定义方程	单位大小
电量	q_0	$q_0=I_0t_0$	1.48×10^{8} C
电导率	σ_0	$\sigma_0=j_0/E_0$	1.83×10^{-8} $S\cdot m^{-1}$
电导	G_0	$G_0=\sigma_0 l_0$	0.117 S
磁通量	Φ_0	$\Phi_0=B_0 l_0^2$	1.27×10^{9} Wb
能量密度	w_0	$w_0=p_0$	7.75×10^{-4} $J\cdot m^{-3}$
能量	W_0	$W_0=w_0 l_0^3$	2.00×10^{17} J
能流密度	S_0	$S_0=w_0 v_0$	5.28×10^{3} $J\cdot m^{-2}\cdot s^{-1}$
功率	P_0	$P_0=W_0/t_0$	2.14×10^{17} W
功率密度	p'_0	$p'_0=j_0E_0=w_0/t_0$	8.28×10^{-4} $W\cdot m^{-3}$